全国高级技工学校电气自动化设备安装与维修专业教材

QUANGUO GAOJI JIGONG XUEXIAO DIANQI ZIDONGHUA SHEBEI ANZHUANG YU WEIXIU ZHUANYE JIAOCAI

单片机应用技术（汇编语言）

（第二版）学生用书

谢浪清　主　编

中国劳动社会保障出版社

简 介

本书为全国高级技工学校电气自动化设备安装与维修专业教材《单片机应用技术（汇编语言）（第二版）》的配套用书，供学生课堂学习和课后练习使用。本书按照教材的任务顺序编写，每个任务都包括"明确任务""资讯学习""任务准备""任务实施""展示与评价"和"复习巩固"等环节。本书关注学生的学习过程，强调知识、技能的同步提升，适合技工院校电类专业教学使用，也可作为职业培训用书。

本书由谢浪清任主编，卢运任副主编，李水明、温汉权参加编写。

图书在版编目（CIP）数据

单片机应用技术（汇编语言）（第二版）学生用书/谢浪清主编 . -- 北京：中国劳动社会保障出版社，2023

全国高级技工学校电气自动化设备安装与维修专业教材

ISBN 978 - 7 - 5167 - 6195 - 3

Ⅰ. ①单… Ⅱ. ①谢… Ⅲ. ①单片微型计算机 - 技工学校 - 教材 Ⅳ. ①TP368.1

中国国家版本馆 CIP 数据核字（2023）第 232800 号

中国劳动社会保障出版社出版发行

（北京市惠新东街 1 号　邮政编码：100029）

*

北京谊兴印刷有限公司印刷装订　新华书店经销

787 毫米 × 1092 毫米　16 开本　7.5 印张　169 千字

2023 年 12 月第 1 版　　2023 年 12 月第 1 次印刷

定价：16.00 元

营销中心电话：400 - 606 - 6496

出版社网址：http://www.class.com.cn

http://jg.class.com.cn

目　录

项目一 认识单片机

任务1 认识单片机结构及应用

单片机是各种自动控制、智能检测系统的核心部件，掌握其结构、功能和作用，对于设计符合需求的智能产品是十分必要的。本任务是认识 MCS－51 系列单片机中常见的 STC89C51RC 单片机芯片的型号、引脚，熟悉其引脚功能及应用。要求在规定时间内完成任务并提交审核。

资讯学习

为了更好地完成任务，请查阅教材或相关资料，回答以下问题。

（1）单芯片微型计算机简称_____。

（2）PDIP40 封装的 STC89C51 单片机共有_____个引脚。

（3）单片机内部 RAM 称为_____。

（4）STC89C51RC 单片机芯片的工作电压为_____。

（5）STC89C51RC 单片机具有第二功能的端口是_____。

任务准备

1. 分组并制订工作计划

查阅相关资料，了解任务实施的基本步骤，结合实际情况，制定小组工作计划，见表 1－1－1。

表 1－1－1 工作计划表

任务名称	组员姓名	任务分工	备注
小组成员分工			组长

任务名称	组员姓名	任务分工	备注
小组成员分工			
完成任务的方法与步骤			

2. 元器件清单

根据任务要求，以小组为单位领取单片机芯片，组员将领到的物品归纳分类并填写在表1-1-2后，组长签名确认。

表1-1-2　　　　　　　　　领取单片机芯片清单

序号	名称	型号规格	数量	组长签名
1				
2				

任务实施

1. 查找单片机STC89C51RC芯片资料，将单片机芯片主要参数填写在表1-1-3中。

表1-1-3　　　　　　　　　　单片机主要参数

厂家	型号	管脚	工作电压	ROM	RAM	I/O脚个数

2. 查阅资料，参考用户手册识别不同厂家的单片机主要性能参数，分别在图1-1-1和图1-1-2中画出领取的单片机芯片引脚图及内部结构图。

图1-1-1　单片机芯片引脚图

图1-1-2 单片机芯片内部结构图

展示与评价

一、成果展示

以小组为单位，从下面任务中抽签选择1个任务进行描述和展示，听取并记录其他小组对本组展示内容的评价和改进建议。

1. 简述STC89C51RC单片机结构组成。

2. 简述STC89C51RC单片机引脚第二功能。

3. 列举一些应用单片机的常见产品，说一说单片机应用场景。

4. 简述如何选择经济实用的单片机。

二、任务评价

按表1-1-4所列项目进行自我评价、小组评价和教师评价，将结果填入表中。

表1-1-4　　　　　　　　　　任务考核评分表

评价项目	评价标准	配分（分）	自我评价	小组评价	教师评价
职业素养	安全意识、责任意识、服从意识强	5			
	积极参加教学活动，按时完成各项学习任务	5			
	团队合作意识强，善于与人交流和沟通	5			
	自觉遵守劳动纪律，尊敬师长，团结同学	5			
	爱护公物，节约材料，工作环境整洁	5			

评价项目	评价标准	配分（分）	自我评价	小组评价	教师评价
专业能力	单片机引脚图绘制不正确，每处扣 2 分	20			
	单片机引脚端口功能描述不正确，每处扣 2 分	40			
	单片机的特点归纳总结不准确，每处扣 3 分	15			
合计		100			
总评分		综合等级		教师（签名）	

注：学习任务评价采用自我评价、小组评价和教师评价三种方式，总评分 = 自我评价×20% + 小组评价×20% + 教师评价×60%，评价等级分为 A（90～100）、B（80～89）、C（70～79）、D（60～69）、E（0～59）五个等级。

复习巩固

一、选择题

1. （   ）不属于 ST89C51 单片机的内部结构。

A. I/O 接口 　　B. 存储器 　　C. 定时/计数器 　　D. LED 灯

2. 单片机内部数据存储器指的是（   ）。

A. RAM 　　B. ROM 　　C. EPROM 　　D. FLASH

3. 单片机内部程序存储器指的是（   ）。

A. FLASH 　　B. EPROM 　　C. ROM 　　D. RAM

4. PDIP40 封装的 STC89C51 单片机的 RST 复位脚是（   ）脚。

A. 6 　　B. 7 　　C. 8 　　D. 9

二、简答题

根据 STC89 系列单片机的命名规则，说一说 STC89C51RC – 40I – PDIP 单片机详细的规格技术参数。

任务2　单片机最小系统制作

明确任务

单片机是一块集成度很高的芯片，但由于晶体振荡器、开关等电路无法集成到芯片上，所以要使单片机正常工作还需要添加外围电路。本任务是用 STC89C51RC 单片机设计并制作单片机最小系统。要求在规定时间内完成任务并提交审核。

资讯学习

为了更好地完成任务，请查阅教材或相关资料，小组成员讨论后回答以下问题。

1. 识读单片机最小系统组成

（1）STC89C51 单片机最小系统电路，主要包括单片机、_____、电源电路和_____。

（2）查找单片机芯片资料，在图 1-2-1 框图中填上组成电路名称。

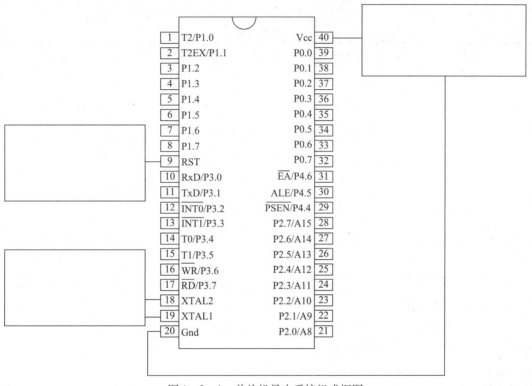

图 1-2-1　单片机最小系统组成框图

2. 识读时钟电路

（1）根据单片机产生时钟方式的不同，STC89C51 单片机时钟电路可分为_____时钟方式电路和_____时钟方式电路。

（2）STC89C51 单片机内部时钟方式电路，是在单片机 XTAL1 和 XTAL2 引脚两端跨接_____个晶体振荡器和_____个微调电容构成振荡电路，通常 C2 和 C3 取_____，晶体振荡器的频率通常取值为 _____。

3. 识读复位电路

（1）在振荡电路运行的情况下，要实现复位操作，必须使 RST 引脚至少保持_____个机器周期的_____电平。

（2）单片机复位电路包括_____和_____两种形式。

4. 识读电源电路

（1）STC89C51 单片机采用_____电源供电。

（2）通常在电源接口处连接 $10\mu F$ 和 $0.1\mu F$ 滤波电容，为单片机提供_____电源。

任务准备

1. 分组并制订工作计划

查阅相关资料，了解任务实施的基本步骤，结合实际情况，制定小组工作计划，见表 1 - 2 - 1。

表 1 - 2 - 1　　　　　　　　　工作计划表

任务名称	组员姓名	任务分工	备注
小组成员分工			组长
完成任务的方法与步骤			

2. 工具、设备器材清单

根据任务要求，以小组为单位领取工具、设备器材等，组员将领到的物品归纳分类并填写在表 1 - 2 - 2 后，组长签名确认。

表 1 - 2 - 2　　　　　　　　　工具、设备器材清单

序号	分类	名称	型号规格	数量	组长签名
1	工具				
2					
3	设备器材				
4					
5					
6					

任务实施

1. 绘制单片机最小系统电路图

请根据图 1 - 2 - 1 最小系统组成框图，在下面方框中绘制单片机最小系统电路图。

2. 根据表 1 - 2 - 3 的提示完成单片机最小系统电路的安装与调试，每完成一步在相应的步骤后面打"√"。

表 1 - 2 - 3　　　　　　　　　　　操作流程表

步骤	图示	操作说明	是否完成
1		领取单片机最小系统电路元器件	☐
2	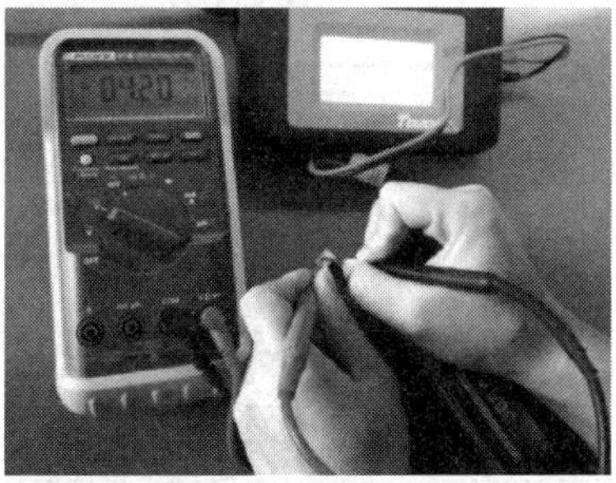	对所领取元器件进行测量，判断元器件是否合格。将测量结果填写在表 1 - 2 - 4 中	☐

步骤	图示	操作说明	是否完成
3	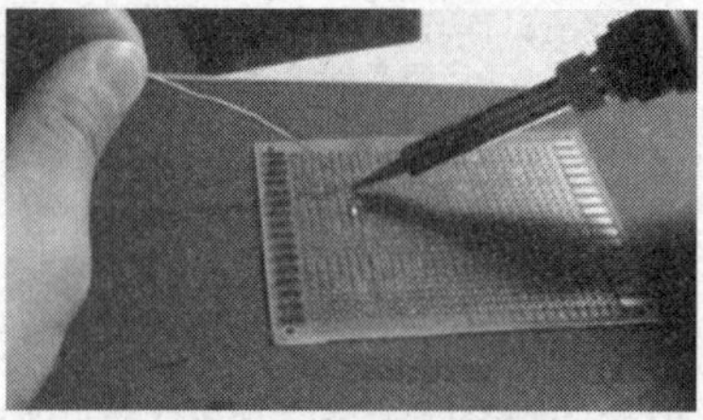	根据绘制的单片机最小系统电路图安装单片机最小系统电路	☐
4		对单片机最小系统电路进行电路检查，如电路有误，调整后重新焊接	☐
5	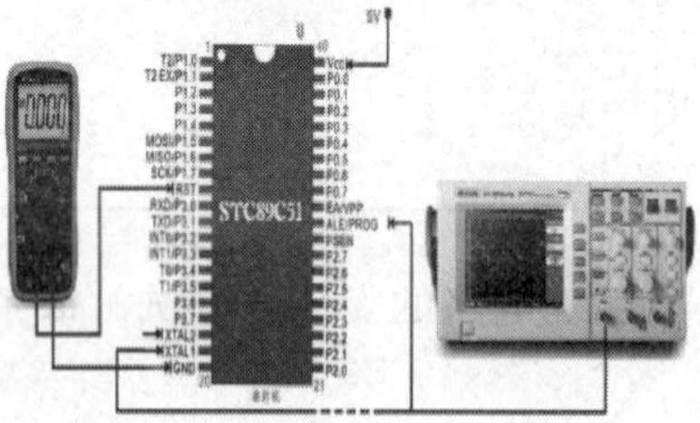	将单片机最小系统电路加上5 V电源后，用万用表测量单片机第9引脚（RST）电压，用示波器分别测量第30引脚（ALE/PROG）和第19引脚（XTAL1），在表1-2-5中填写测量的电压值和画出测量的波形图	☐
6		检查测试结果是否正确，如不正确，需检查并修改电路，然后重新测量，直到测试结果正确为止	☐

表1-2-4　　　　　　　　　单片机最小系统元器件测试表

序号	元器件名称	规格及参数	数量	测量结果	备注

续表

序号	元器件名称	规格及参数	数量	测量结果	备注

表 1-2-5　　　　　　　　单片机最小系统电路测量结果

序号	引脚	引脚名称	电压	波形图
1	9			
2	19			
3	30			

📄 展示与评价 ▷

一、成果展示

各小组对本次任务结果进行展示，听取并记录其他小组对本组展示内容的评价和改进建议。

二、任务评价

按表 1-2-6 所列项目进行自我评价、小组评价和教师评价，将结果填入表中。

表 1-2-6　　　　　　　　　　　任务考核评分表

评价项目	评价标准	配分（分）	自我评价	小组评价	教师评价
职业素养	安全意识、责任意识、服从意识强	5			
	积极参加教学活动，按时完成各项学习任务	5			
	团队合作意识强，善于与人交流和沟通	5			
	自觉遵守劳动纪律，尊敬师长，团结同学	5			
	爱护公物，节约材料，工作环境整洁	5			

续表

评价项目	评价标准	配分（分）	自我评价	小组评价	教师评价
专业能力	单片机最小系统电路图绘制不正确，每错一处扣1分	5			
	不会用电子仪表检测元器件质量好坏，每个扣2分	6			
	元器件位置、引脚焊接错误，每个扣3分	15			
	焊接粗糙、拉尖、焊锡残渣，每处扣2分	6			
	元器件虚焊、漏焊、松动、有气孔，每处扣2分	8			
	电子仪表使用方法不正确，扣5分	5			
	测试项目应符合任务要求，每漏测1项扣1分	5			
	技术指标测试应符合任务要求，1项技术指标未达标扣5分	25			
合计		100			
总评分		综合等级		教师（签名）	

注：学习任务评价采用自我评价、小组评价和教师评价三种方式，总评分＝自我评价×20%＋小组评价×20%＋教师评价×60%，评价等级分为 A（90~100）、B（80~89）、C（70~79）、D（60~69）、E（0~59）五个等级。

复习巩固

一、填空题

1. 单片机最小系统是指_____。

2. 外部时钟方式指单片机的时钟信号由_____信号提供。

3. 单片机的 RST 输入端出现高电平时，就能实现_____。

二、选择题

1. （　　）不属于 ST89C51 单片机最小系统组成部分。

A. 单片机芯片　　B. 复位电路　　C. 时钟电路　　D. 锁存器电路

2. （　　）是指单片机系统在接上电源瞬间，电容 C 初始状态没有电荷，电容两端电压不能突变，这时 RST 端电压等于电源电压，单片机复位。

A. 上电复位　　B. 按钮复位　　C. EPROM　　D. FLASH

3. ST89C51 单片机芯片的 RST 端的功能为（　　）。

A. 时钟输入端　　B. 复位端　　C. 正电源端　　D. 接地端

三、判断题

1. 单片机复位电路主要是给单片机提供时钟信号。　　　　　（　　）

2. 所有的单片机芯片都是采用 +5 V 电源供电。　　　　　（　　）

3. 单片机不需要时钟信号也可以正常工作。　　　　　（　　）

四、简答题

简述单片机上电复位工作过程。

认识单片机开发软件

任务1 Keil 开发软件的应用

任务2 Proteus 仿真软件的应用

明确任务

本任务通过 Keil μVision 和 Proteus 软件完成点亮一个发光二极管程序的编写及仿真。要求在规定时间内完成任务并提交审核。

资讯学习

为了更好地完成任务，请查阅教材或相关资料，小组成员讨论后回答以下问题。

1. 认识 Keil μVision 软件

（1）根据 Keil μVision 软件的工作界面，在图 2 - 1 - 1 中的方框里填上对应的名称。

（2）编写好汇编语言源程序后，将该文件保存到工程文件中，文件后缀名为_____。

（3）Keil μVision 编译后，需要生成可执行_____文件。

（4）Keil 软件提供了_____、运行到光标处、连续运行、_____等多种调试方式。

2. 认识 Proteus 软件

（1）根据 Proteus 软件的工作界面，在图 2 - 1 - 2 中的方框里填上对应的名称。

（2）查阅资料，在表 2 - 1 - 1 中填写 Proteus 软件的常用绘图工具按钮的功能说明。

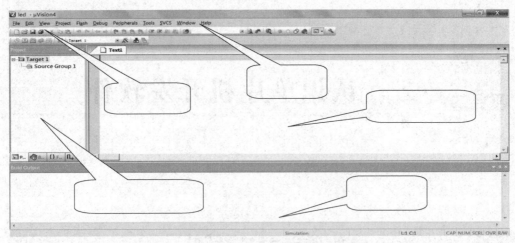

图 2 - 1 - 1　　Keil μVision 软件的工作界面

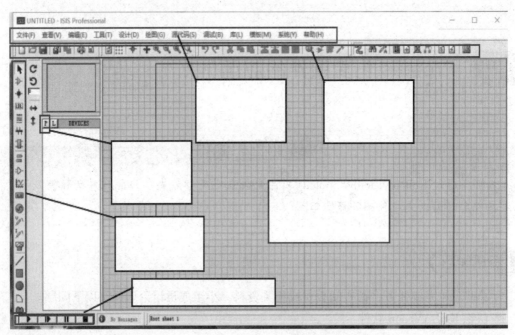

图 2 - 1 - 2　　Proteus 软件的工作界面

表 2 - 1 - 1　　　　　　　Proteus 软件的常用绘图工具按钮的功能说明

工具按钮	功能说明	工具按钮	功能说明

续表

工具按钮	功能说明	工具按钮	功能说明

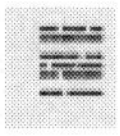			

任务准备

根据任务要求进行工位自检，并将结果记录在表2-1-2中。

表2-1-2　　　　　　　　　　工位自检表

姓名		学号	
自检项目			记录
检查工位桌椅是否正常			是□　否□
检查工位计算机能否正常开机			能□　否□
检查工位键盘、鼠标是否完好			是□　否□
检查计算机软件 Keil、Proteus 能否正常使用			能□　否□
检查计算机互联网是否可用			是□　否□
检查是否有开发板等实物			是□　否□

任务实施

1. 程序编写和编译

根据表2-1-3的提示完成程序的编译，每完成一步在相应的步骤后面打"√"。

表2-1-3　　　　　　　　　　操作流程表

步骤	操作说明	图示	是否完成
1	启动 Keil 软件，新建 1 个工程文件，命名为_____ 选择单片机型号为：_____	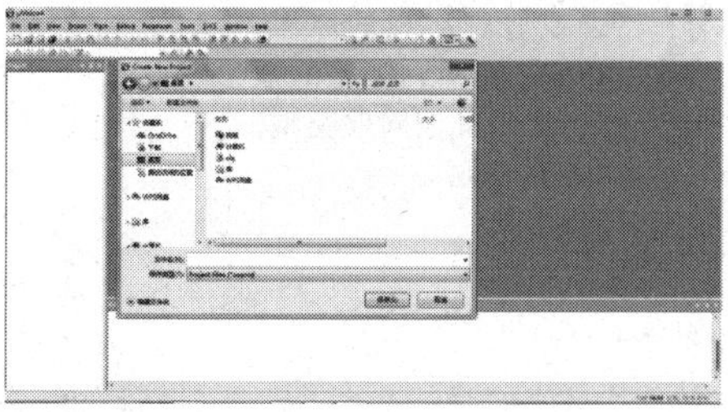	□

续表

步骤	操作说明	图示	是否完成
2	新建 1 个后缀名为 . asm 文本文件，命名为____________	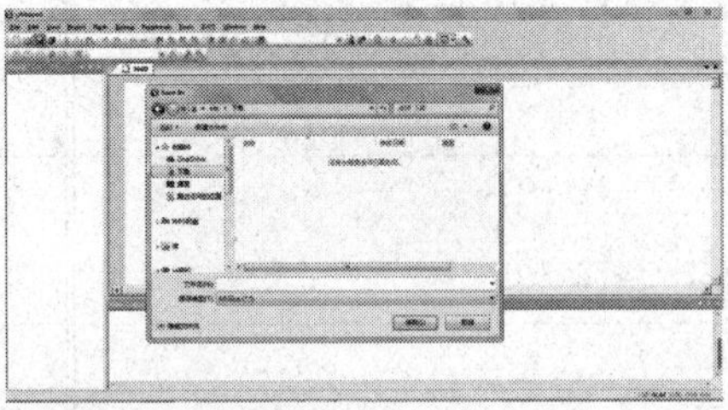	□
3	将该汇编语言文本文件加入到新建的工程文件中	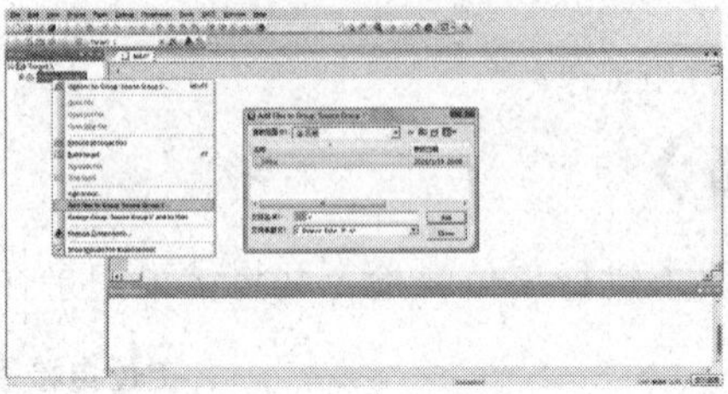	□
4	在汇编语言的文本文件中，输入“点亮发光二极管”参考程序代码，保存输入源代码文件	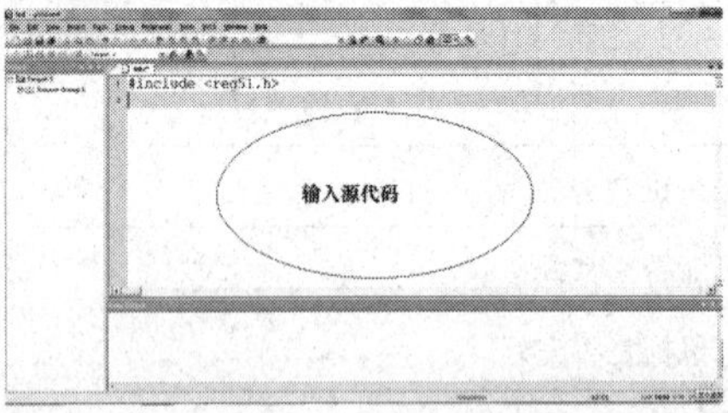	□
5	设置目标文件属性，编译后生成十六进制可执行 hex 文件	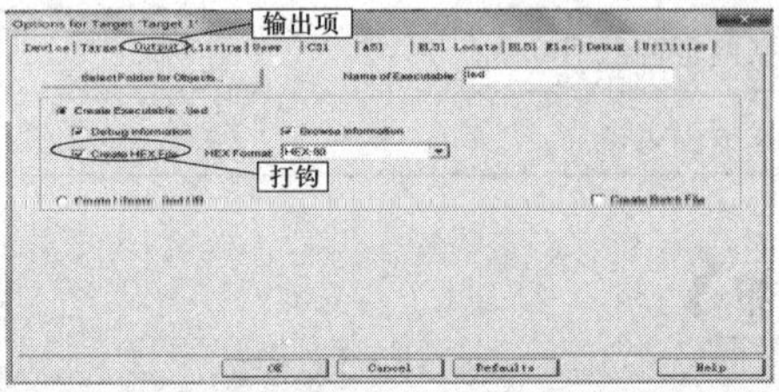	□
6	运行编译，观察编译输出窗口提示，分析错误或警告出现的原因。按出现错误类型，在问题类型的框图中打“√”，若是其他问题类型，请填写清楚出现的问题	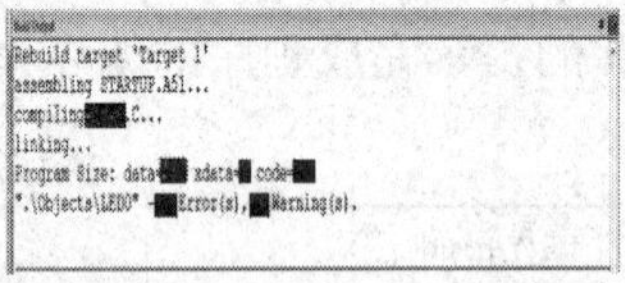 问题类型 “O”与“0”不分 □ 字母“l”与数字“1”不分 □ 字母大小写不分 □ 符号写错、写漏 □ 括号写错、写漏 □ 变量名、函数名前后不一致 □ 其他： □	□

2. 用 Proteus 绘制点亮发光二极管电路图

根据表 2 - 1 - 4 的提示完成点亮发光二极管电路绘制，每完成一步在相应的步骤后面打 "√"。

表 2 - 1 - 4　　　　　　　　　　　　操作流程表

步骤	操作说明	图示	是否完成
1	启动绘图软件，新建 1 个电路图文件，命名为：_____	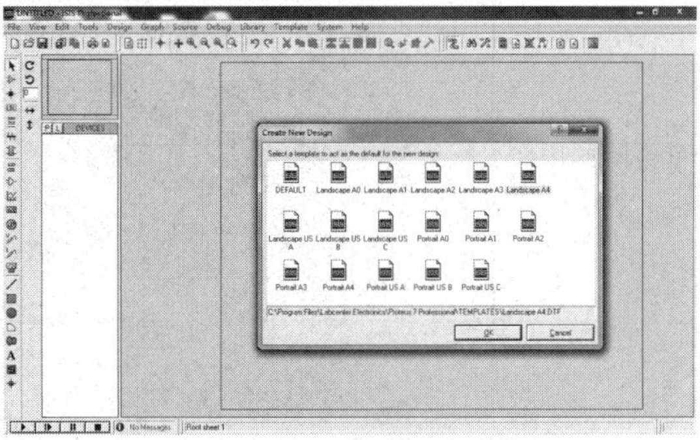	□
2	选择并放置 MCS - 51 系列单片机，你选择的单片机型号是：_____	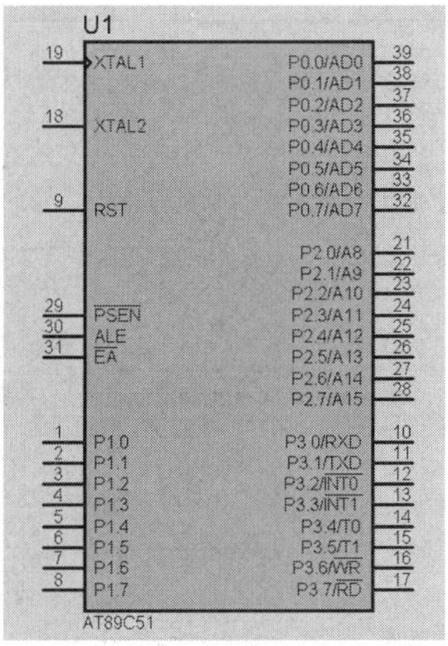	□
3	选择 LED 灯、电阻等元器件，并修改元器件属性	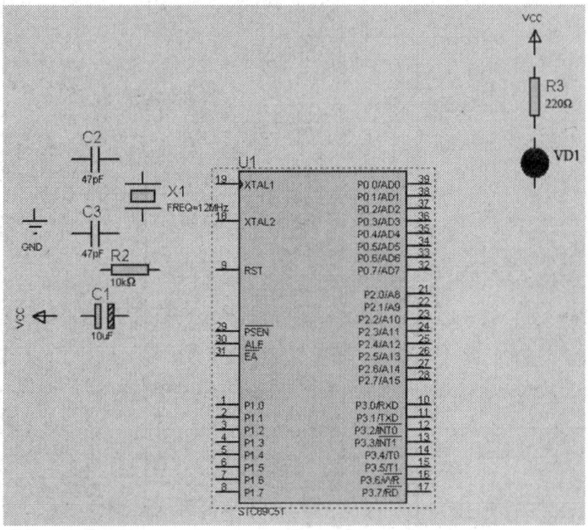	□

续表

步骤	操作说明	图示	是否完成
4	按图示电路图连接好线路	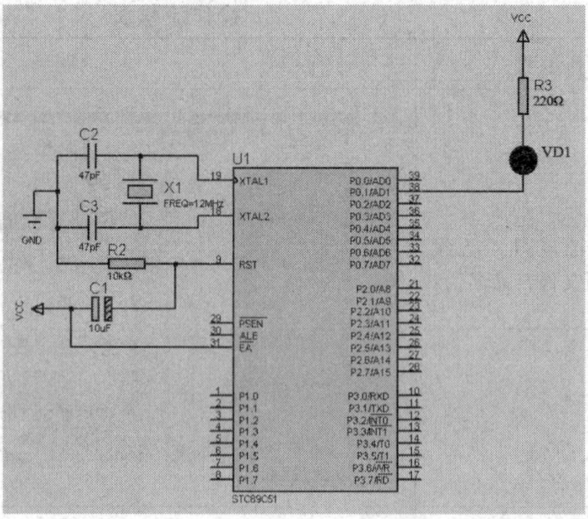	□
5	检查无误后，保存文件并退出 Proteus 软件	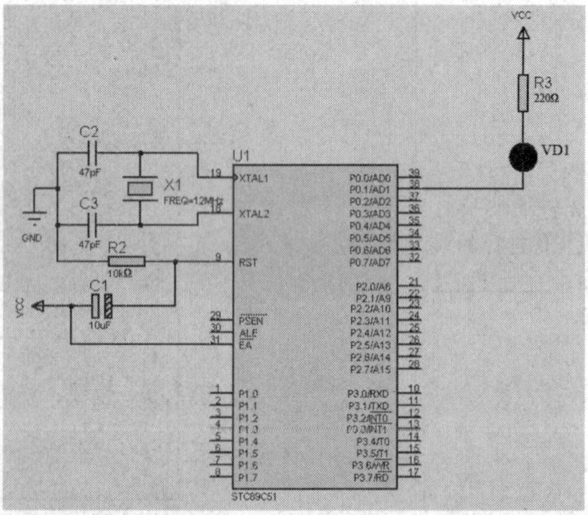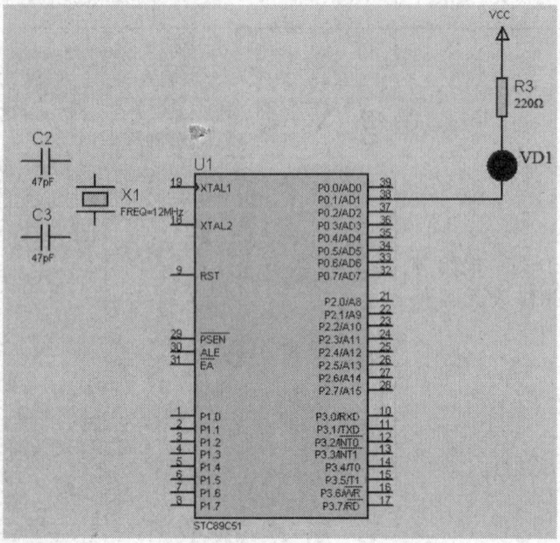	□

3. 仿真调试

根据表 2 - 1 - 5 的提示完成仿真调试，每完成一步在相应的步骤后面打"√"。

表 2 - 1 - 5　　　　　　　　　　　　　　　操作流程表

步骤	操作说明	图示	是否完成
1	打开已绘制保存的 Proteus 文档。双击电路图中的单片机，加载在 Keil 软件中已编译成功输出的 hex 文件，仿真运行，观察 LED 灯显示是否正常	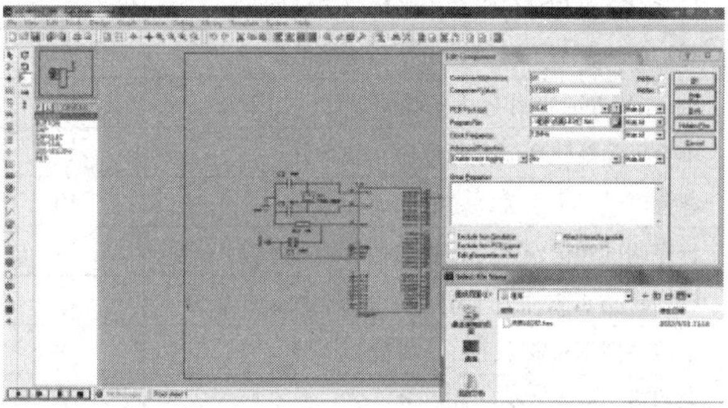	□
2	若 LED 灯显示不正常，检查电路是否有误（如 LED 灯极性是否有误），修改后重新仿真运行。若电路无误，LED 灯显示还是不正常，则返回检查程序源代码是否正确，重新按步骤 1 仿真调试，直到 LED 灯正常显示	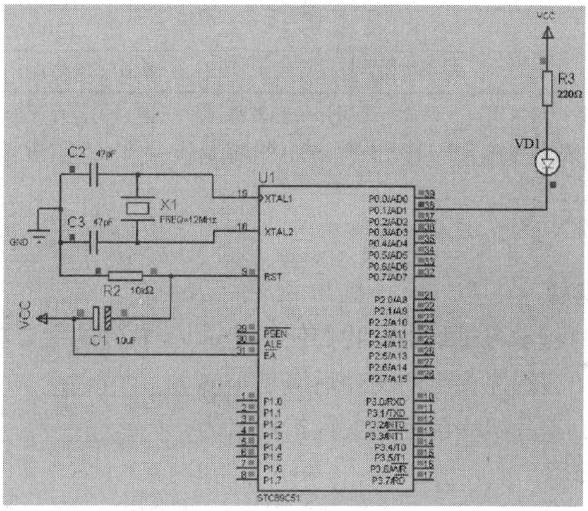	□

📖 展示与评价

一、成果展示

以小组为单位，从下面任务中抽签选择 1 个任务进行展示，听取并记录其他小组对本组展示内容的评价和改进建议。

1. 用 Proteus 软件修改最小系统电路的元器件参数。

2. 用 Proteus 软件修改点亮 LED 灯电路限流电阻值，并仿真运行，观察 LED 灯显示亮度。

3. 用 Keil 软件建立工程文件，并说出步骤。

二、任务评价

按表 2 - 1 - 6 所列项目进行自我评价、小组评价和教师评价，将结果填入表中。

表 2 - 1 - 6　　　　　　　　　　　　　任务考核评分表

评价项目	评价标准	配分（分）	自我评价	小组评价	教师评价
职业素养	安全意识、责任意识、服从意识强	5			
	积极参加教学活动，按时完成各项学习任务	5			
	团队合作意识强，善于与人交流和沟通	5			
	自觉遵守劳动纪律，尊敬师长，团结同学	5			
	爱护公物，节约材料，工作环境整洁	5			
专业能力	Keil μVision4 工作界面每说错 1 处，扣 2 分	10			
	不会正确新建和保存源程序，扣 5 分	5			
	源程序录入不正确，每处扣 2 分	10			
	程序调试和记录不符合要求，每处扣 5 分	15			
	Proteus 仿真软件工作界面每说错 1 处，扣 2 分	10			
	电路原理图绘制不正确，每处扣 2 分	10			
	源程序加载不正确，扣 5 分	5			
	仿真运行结果不符合要求，每修改一次扣 5 分	10			
合计		100			
总评分		综合等级		教师（签名）	

注：学习任务评价采用自我评价、小组评价和教师评价三种方式，总评分 = 自我评价 ×20% + 小组评价 ×20% + 教师评价 ×60%，评价等级分为 A（90 ~ 100）、B（80 ~ 89）、C（70 ~ 79）、D（60 ~ 69）、E（0 ~ 59）五个等级。

复习巩固

一、填空题

1. 在单片机学习过程中，我们使用 Protues 软件的主要功能是_____。

2. 汇编语言程序保存的文件后缀是_____。

3. 烧录到单片机中的程序文件扩展名为_____。

二、选择题

1. 以下软件中，（　　）可以实现程序的编辑、编译等功能。

A. office 软件　　　　　　　　　　B. Proteus 软件

C. Keil μVision4 软件　　　　　　　D. 以上都不对

2. Keil μVision4 软件每次编译后产生的 hex 文件是（　　）。

A. 二进制文件　　B. 八进制文件　　C. 十进制文件　　D. 十六进制文件

3. 能把程序下载到芯片中的软件是（　　）。

A. Protues　　　　B. Keil　　　　C. ISP 下载器　　D. 以上都不对

三、简答题

简述单片机开发系统的组成。

項目三

I/O 输入输出应用

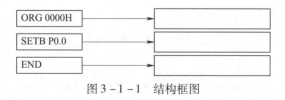
明确任务

　　本任务是用单片机控制设备运行 LED 指示灯，点亮显示表示设备正常供电，要求选用合适的单片机和发光二极管，绘制单片机控制点亮 LED 指示灯电路图，编写源代码，并用软件及开发板进行仿真。在规定时间内完成任务并提交审核。

资讯学习

　　为了更好地完成任务，请查阅教材或相关资料，小组成员讨论后回答以下问题。

1. 汇编语言程序基本组成

请在图 3 - 1 - 1 的结构框图中为程序写上说明，说出汇编语言程序基本组成。

ORG 0000H	→	
SETB P0.0	→	
END	→	

图 3 - 1 - 1　结构框图

2. 汇编语言指令

表 3 - 1 - 1 中列举了常用的汇编语言指令，请在空格处完整填写指令功能。

表 3 - 1 - 1　　　　　　　　　　　常用的汇编语言指令

指令符号	指令功能
ORG	
CLR	

19

指令符号	指令功能
SETB	
END	

3. 单片机端口输出指令语句

按下面要求用汇编语言编写单片机 P1 口引脚输出指令：

_____ ;P1.0 输出为"0"

_____ ;P1.7 输出为"1"

_____ ;P1.1 输出为"0"

_____ ;P1.2 输出为"1"

任务准备

根据任务要求进行工位自检，并将结果记录在表 3－1－2 中。

表 3－1－2　　　　　　　　　　工位自检表

姓名		学号	
自检项目			记录
检查工位桌椅是否正常			是□　否□
检查工位计算机能否正常开机			能□　否□
检查工位键盘、鼠标是否完好			是□　否□
检查计算机软件 Keil、Proteus 能否正常使用			能□　否□
检查计算机互联网是否可用			是□　否□
检查是否有开发板等实物			是□　否□

任务实施

1. 设计单片机控制 LED 灯点亮电路

根据任务描述，小组成员讨论如何设计单片机控制 LED 灯点亮电路。在下面的方框中绘制单片机控制 LED 灯点亮电路。

提示：点亮 LED 灯需要电源、发光二极管、限流电阻和单片机。

2. 用 Proteus 绘制单片机控制 LED 灯点亮电路图

根据表 3 - 1 - 3 的提示完成点亮 LED 灯电路绘制，每完成一步在相应的步骤后面打 "√"。

表 3 - 1 - 3　　　　　　　　　　　　　　　　操作流程表

步骤	操作说明	是否完成
1	启动 Proteus 软件，新建文件。选择并放置 51 单片机（型号_____）、LED 灯、电阻（阻值_____）等元器件	□
2	在 Proteus 软件中新建文件，按项目二任务 1 绘制电路图的步骤操作说明完成单片机控制 LED 灯点亮电路的绘制并保存	□

3. 程序编写

（1）小组成员讨论如何编写单片机控制 LED 灯点亮程序流程图，并根据提示将图 3 - 1 - 2 所示主程序流程图补充完整。

提示：根据单片机控制 LED 灯点亮电路，若 LED 灯正极连接到电源正极，负极连接到单片机引脚，发光二极管点亮的条件是单片机引脚输出 0（低电平）。编写汇编语言程序，用 CLR 位操作指令控制接到端口 Px.x（x 根据电路图连接情况具体端口名）引脚低电平，从而点亮 LED 灯。若 LED 灯正极连接到单片机端口引脚，则用 SETB 位操作置 1 输出，点亮 LED 灯。

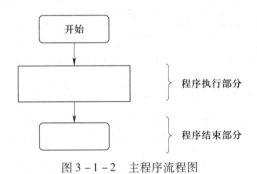

图 3 - 1 - 2　主程序流程图

（2）根据图 3 - 1 - 2 所示主程序流程图，编写点亮 LED 灯程序，并在下划线处补齐参考程序中的代码或注释。

```
_____  ;程序入口地址
_____  ;程序执行指令
END                 ;_____
```

4. 编译程序

根据表 3 - 1 - 4 的提示完成程序的编译，每完成一步在相应的步骤后面打 "√"。

表 3 - 1 - 4　　　　　　　　　　　　　　　　操作流程表

步骤	操作说明	是否完成
1	启动 Keil 软件，新建 1 个工程文件和 asm 文本文件，输入源程序代码，保存输入源代码文件，将该文本文件加入到新建的工程文件	□

步骤	操作说明	是否完成
2	设置目标文件属性，运行编译，观察编译输出窗口提示，分析错误或警告出现的原因。按出现错误类型，在问题类型的框图中打"√"，若是其他问题类型，请填写清楚出现的问题 **问题类型** "O"与"0"不分 □ 字母"I"与数字"1"不分 □ 字母大小写不分 □ 符号写错、写漏 □ 括号写错、写漏 □ 变量名、函数名前后不一致 □ 其他： □	□

5. 仿真调试

根据表 3 – 1 – 5 的提示完成仿真调试，每完成一步在相应的步骤后面打"√"。

表 3 – 1 – 5   操作流程表

步骤	操作说明	是否完成
1	打开已绘制保存的 Proteus 文档，双击电路图中的单片机，加载在 Keil 软件中已编译成功输出的 hex 文件	□
2	仿真运行，观察 LED 指示灯是否点亮	□
3	若 LED 灯不正常点亮，检查电路是否绘制有误，重新仿真运行。若电路无误，LED 灯仍不正常点亮，返回检查程序源代码是否正确，重新按步骤 1 仿真调试，直到 LED 灯正常点亮	□

6. 开发板调试（选做）

根据表 3 – 1 – 6 的提示完成开发板调试，每完成一步在相应的步骤后面打"√"。

表 3 – 1 – 6   操作流程表

步骤	操作说明	图示	是否完成
1	将开发板与计算机规范连接	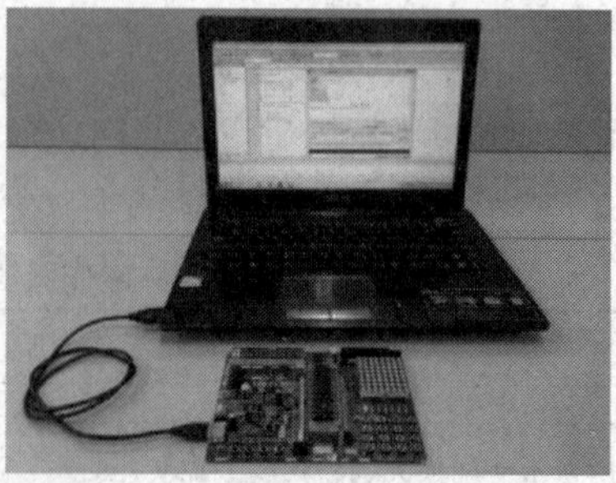	□

续表

步骤	操作说明	图示	是否完成
2	打开 STC 在线 ISP 软件	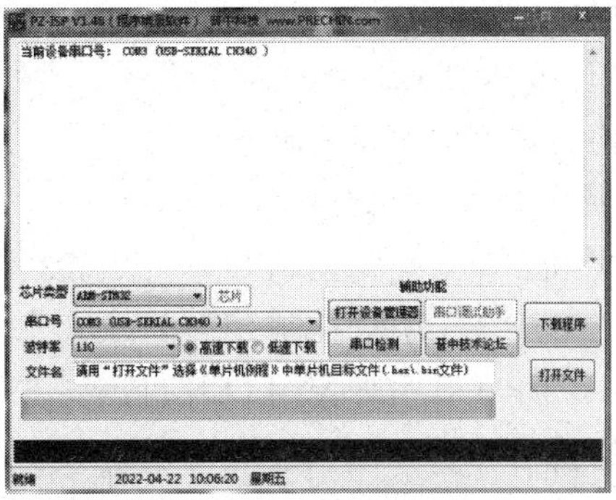	□
3	选择单片机型号，注意必须与所使用单片机的型号一致。选择要下载更新的程序（×××.hex 文件），然后单击"下载程序"按钮	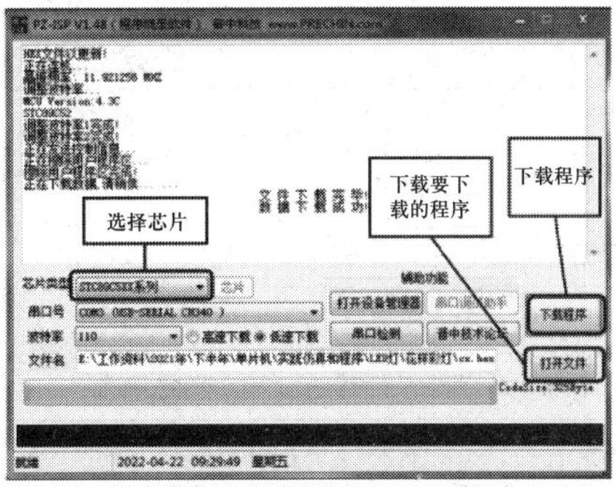	□
4	查看下载提示信息是否下载成功	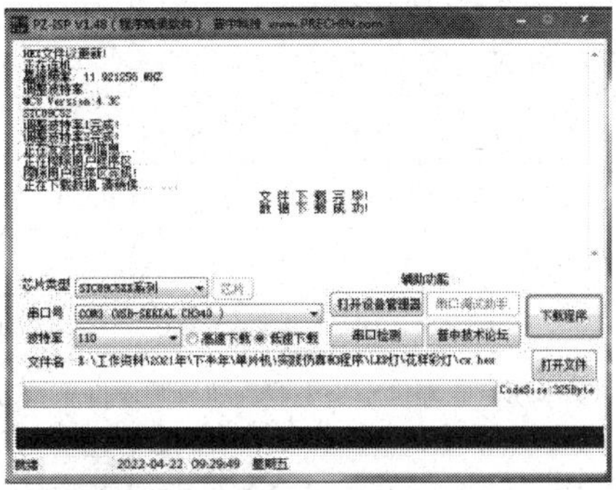	□
5	观察单片机开发板的硬件执行效果，若在线运行不符合程序功能效果，则需重新调试程序并在线下载运行		□

展示与评价

一、成果展示

以小组为单位，从下面任务中抽签选择 1 个任务进行程序修改展示，听取并记录其他小组对本组展示内容的评价和改进建议。

1. 通过单片机 P 0.1 引脚控制 LED 灯点亮。

2. 通过单片机 P 1.0 引脚控制 LED 灯点亮。

3. 通过单片机 P 2.1 引脚控制 LED 灯点亮。

4. 通过单片机 P 3.0 引脚控制 LED 灯点亮。

二、任务评价

按表 3 - 1 - 7 所列项目进行自我评价、小组评价和教师评价，将结果填入表中。

表 3 - 1 - 7　　　　　　　　　　　任务考核评分表

评价项目	评价标准	配分（分）	自我评价	小组评价	教师评价
职业素养	安全意识、责任意识、服从意识强	5			
	积极参加教学活动，按时完成各项学习任务	5			
	团队合作意识强，善于与人交流和沟通	5			
	自觉遵守劳动纪律，尊敬师长，团结同学	5			
	爱护公物，节约材料，工作环境整洁	5			
专业能力	硬件电路绘制不正确，每错一处扣 3 分	15			
	指令格式应用错误，每错一处扣 3 分	15			
	程序编写不正确，每错一处扣 5 分	25			
	程序编译与仿真不符合任务要求，每项扣 5 分	20			
合计		100			
总评分		综合等级		教师（签名）	

注：学习任务评价采用自我评价、小组评价和教师评价三种方式，总评分 = 自我评价×20% + 小组评价×20% + 教师评价×60%，评价等级分为 A（90～100）、B（80～89）、C（70～79）、D（60～69）、E（0～59）五个等级。

复习巩固

一、填空题

1. MOV 指令的功能是＿＿＿＿＿＿＿＿＿＿＿＿＿＿＿。

2. SETB 指令的功能是＿＿＿＿＿＿＿＿＿＿＿＿＿＿＿。

二、选择题

1. 不属于汇编语言程序组成部分的是（　　　）。

A. 程序入口　　　　B. 指令段　　　　　　C. 程序结束　　　　D. 流程图

2. 以下命令中，（　　　）指令为汇编起始地址指令。

A. CLR　　　　　　B. ORG　　　　　　　C. SETB　　　　　　D. END

三、判断题

1. 每条汇编语言语句最多包括四个域：标号、操作码、操作数和注释。　（　　）

2. 注释是指令操作的对象。　（　　）

3. 伪指令是对汇编过程进行某种控制的特殊命令。　（　　）

四、简答题

汇编语言程序由哪几部分组成？

任务2　LED 指示灯闪烁显示

明确任务

　　在生产环境中，经常需要到机房查看网络设备运行情况，通过观察设备的指示灯，来判断设备运行状态是否良好，如交换机中指示灯快闪表示数据传输过程中。本任务是编写单片机控制 LED 指示灯闪烁程序，实现 LED 指示灯以 1 Hz 频率闪烁的功能，即 LED 灯亮 0.5 s，灭 0.5 s 然后循环往复。要求采用项目三任务 1 指示灯电路，提交编写源代码，并用软件及开发板进行仿真。在规定时间内完成任务并提交审核。

资讯学习

为了更好地完成任务，请查阅教材或相关资料，小组成员讨论后回答以下问题。

1. 单片机内部的时间单位

单片机内部的时间单位主要分为振荡周期、时钟周期、机器周期和指令周期，图 3－2－1 是单片机各种周期关系图，请在箭头对应的括号里填写上述四个周期名称。

2. 数据传送指令

判断表 3－2－1 中的数据传送指令使用是否正确，若不正确请在修订栏中写出正确指令语句格式。

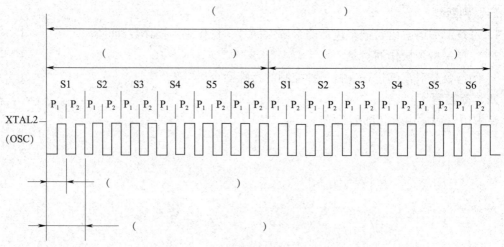

图 3 - 2 - 1　单片机各种周期关系图

表 3 - 2 - 1　　　　　　　　　　数据传送指令

指令语句	是否正确	修订
MOV A，#R1	☐	
MOV A，P1	☐	
MOV P1　#FEH	☐	
MOV R1，32	☐	
MOV P0，R1	☐	
MOV @R1，A	☐	

3. 控制转移、子程序调用与返回等常用指令

在表 3 - 2 - 2 中填写指令语句的含义。

表 3 - 2 - 2　　　　　　　　　　常用指令

指令语句	指令语句含义
LCALL DELAY	
ACALL DELAY	
JMP START	
DJNZ R1，D1	
DJNZ R7，$	
NOP	
RET	

4. 识读单片机软件延时时间

单片机软件延时的原理是利用 CPU 执行一段程序，只消耗 CPU 一定的时间，不做其他具体的功能控制。通常利用多次循环来延长程序的执行时间，从而实现延时功能。单片机机器周期为 1 μs，R7 寄存器存放数值为 14H，则运行 "DJNZ R7，\$" 循环指令后，延时时间为_____μs。

任务准备

根据任务要求进行工位自检，并将结果记录在表 3 - 2 - 3 中。

表 3 - 2 - 3　　　　　　　　　　工位自检表

姓名		学号	
自检项目			记录
检查工位桌椅是否正常			是□　否□
检查工位计算机能否正常开机			能□　否□
检查工位键盘、鼠标是否完好			是□　否□
检查计算机软件 Keil、Proteus 能否正常使用			能□　否□
检查计算机互联网是否可用			是□　否□
检查是否有开发板等实物			是□　否□

任务实施

1. 用 Proteus 绘制单片机控制 LED 指示灯闪烁电路图

根据表 3 - 2 - 4 的提示完成单片机控制 LED 指示灯闪烁电路绘制，每完成一步在相应的步骤后面打 "√"。

表 3 - 2 - 4　　　　　　　　　　操作流程表

步骤	操作说明	是否完成
1	在 Proteus 软件中新建文件	□
2	按项目二任务 1 绘制电路图的步骤操作说明完成 LED 指示灯电路的绘制并保存	□

2. 程序编写

（1）小组成员讨论如何编写单片机控制 LED 指示灯闪烁主程序流程图，并根据提示将图 3 - 2 - 2 所示主程序流程图补充完整。

提示：根据单片机控制 LED 灯点亮电路，LED 灯闪烁工作过程如下。

1）单片机编程 Px.x 引脚输出 0 执行点亮 LED 灯，接着执行延时子程序。

2）编程 Px.x 引脚输出 1 执行熄灭 LED 灯，接着再执行一次延时子程度。

3）LED 灯按照亮 - 延时 - 灭 - 延时顺序亮灭，通过程序重复运行就可以实现 LED 灯闪烁效果。

（2）根据图 3 - 2 - 2 所示主程序流程图，编写单片机控制 LED 指示灯闪烁程序，并在下划线处补齐参考程序中的代码或注释。

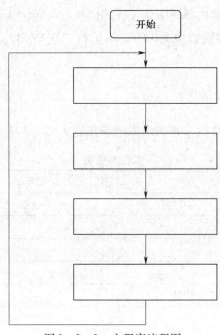

图 3 – 2 – 2　主程序流程图

```
                    ;指定程序开始的地址
START: _____ ;_____引脚为_____电平,点亮 LED
       LCALL  DELAY  ;调用_____
       _____ ;_____引脚为_____电平,熄灭 LED
       LCALL  DELAY  ;调用_____
       _____ ;跳转至 START 标号处
DELAY:               ;延时子程序,延时 0.5 s
       _____
       _____
       _____
       _____
       _____
       RET           ;_____
       END           ;程序结束
```

3. 编译程序

根据表 3 – 2 – 5 的提示完成程序的编译，每完成一步在相应的步骤后面打"√"。

表 3 – 2 – 5　　　　　　　　　　　　　操作流程表

步骤	操作说明	是否完成
1	启动 Keil 软件，新建 1 个工程文件和 asm 文本文件，输入源程序代码，保存输入源代码文件，将该文本文件加入到新建的工程文件	□

步骤	操作说明	是否完成
2	设置目标文件属性，运行编译，观察编译输出窗口提示，分析错误或警告出现的原因。按出现错误类型，在问题类型的框图中打"√"，若是其他问题类型，请填写清楚出现的问题 **问题类型** "O"与"0"不分 □ 字母"I"与数字"1"不分 □ 字母大小写不分 □ 符号写错、写漏 □ 括号写错、写漏 □ 变量名、函数名前后不一致 □ 其他： □	□

4. 仿真调试

根据表 3-2-6 的提示完成仿真调试，每完成一步在相应的步骤后面打"√"。

表 3-2-6　　　　　　　　　　　　操作流程表

步骤	操作说明	是否完成
1	打开已绘制保存的 Proteus 文档，双击电路图中的单片机，加载在 Keil 软件中已编译成功输出的 hex 文件	□
2	仿真运行，观察 LED 指示灯是否闪烁	□
3	若 LED 指示灯不正常闪烁，请检查电路是否绘制有误，重新仿真运行。若电路无误，LED 指示灯仍不正常闪烁，请返回检查程序源代码是否正确，重新按步骤 1 仿真调试，直到 LED 指示灯闪烁功能正常	□

5. 开发板调试（选做）

按项目三任务 1 开发板调试步骤操作说明完成调试。

展示与评价

一、成果展示

以小组为单位，从下面任务中抽签选择 1 个任务进行程序修改展示，听取并记录其他小组对本组展示内容的评价和改进建议。

1. 单片机控制 LED 灯以 0.25 Hz 频率闪烁。

2. 单片机控制 LED 灯以 0.5 Hz 频率闪烁。

3. 单片机控制 LED 灯以 2 Hz 频率闪烁。

4. 单片机控制 LED 灯以 10 Hz 频率闪烁。

二、任务评价

按表 3 – 2 – 7 所列项目进行自我评价、小组评价和教师评价，将结果填入表中。

表 3 – 2 – 7　　　　　　　　　　　**任务考核评分表**

评价项目	评价标准	配分（分）	自我评价	小组评价	教师评价
职业素养	安全意识、责任意识、服从意识强	5			
	积极参加教学活动，按时完成各项学习任务	5			
	团队合作意识强，善于与人交流和沟通	5			
	自觉遵守劳动纪律，尊敬师长，团结同学	5			
	爱护公物，节约材料，工作环境整洁	5			
专业能力	硬件电路绘制不正确，每错一处扣 3 分	15			
	指令格式应用错误，每错一处扣 3 分	15			
	程序编写不正确，每错一处扣 5 分	25			
	程序编译与仿真不符合任务要求，每项扣 5 分	20			
合计		100			
总评分	综合等级		教师（签名）		

注：学习任务评价采用自我评价、小组评价和教师评价三种方式，总评分 = 自我评价 × 20% + 小组评价 × 20% + 教师评价 × 60%，评价等级分为 A（90 ~ 100）、B（80 ~ 89）、C（70 ~ 79）、D（60 ~ 69）、E（0 ~ 59）五个等级。

复习巩固

一、填空题

1. MCS – 51 系列单片机指令系统中，有七种寻址方式，分别为_____、_____、_____、_____、_____、_____、_____。

2. _____就是指 CPU 寻找操作数或操作数地址的方式。

3. 数据传送指令可分为三组，分别是_____、_____、_____。

二、选择题

1. （　　）属于数据传送指令。

A. MOV　　　　　　B. JMP　　　　　　C. CJNE　　　　　　D. LJMP

2. （　　）属于长转移指令。

A. CLR　　　　　　B. ORG　　　　　　C. LJMP　　　　　　D. END

3. （　　）属于子程序返回指令。

A. RETI　　　　　　B. RET　　　　　　C. ACALL　　　　　　D. NOP

三、判断题

1. 无条件转移指令是指当执行该指令后，程序将无条件地转移到指令指定的地方去。

（　　　）

2. 长调用指令为 ACALL。　　　　　　　　　　　　　　　　　　　　　（　　　）

四、编程题

试编写一个延时 1 s 的子程序。

任务3 花样彩灯显示

明确任务

生活中彩灯、广告灯的显示花样是多种多样的，这些都可以利用单片机的控制功能实现。本任务是设计简易的花样彩灯，要求选用合适的单片机和 LED 灯，用单片机开发软件绘制单片机控制花样彩灯电路图，提交编写源代码，并用软件及开发板进行仿真。在规定时间内完成任务并提交审核。

资讯学习

为了更好地完成任务，请查阅教材或相关资料，小组成员讨论后回答以下问题。

1. 数组标号为 TAB，请在空格处创建 1 个数组，数组包含有 10 个字节数据。

TAB：_____

2. 下面是一段查表指令的程序，当累加器 A 中数值不同时，执行查表指令后，在空格处填写取出数组字节数据。

```
MOV DPTR,#TABLE
MOVC A,@ A + DPTR
TABLE:DB 0,1,4,9,16,25,36,49,64,81
```

则：

若 A = 1，执行查表指令后 @ A + DPTR = _____。

若 A = 3，执行查表指令后 @ A + DPTR = _____。

若 A = 5，执行查表指令后 @ A + DPTR = _____。

若 A = 8，执行查表指令后 @ A + DPTR = _____。

3. 已知（R0）= 30 H，当执行完指令 "INC R0" 后，R0 值为_____。

任务准备

根据任务要求进行工位自检，并将结果记录在表 3 - 3 - 1 中。

表 3 - 3 - 1　　　　　　　　　　　　工位自检表

姓名		学号	
自检项目			记录
检查工位桌椅是否正常			是□　否□
检查工位计算机能否正常开机			能□　否□
检查工位键盘、鼠标是否完好			是□　否□
检查计算机软件 Keil、Proteus 能否正常使用			能□　否□
检查计算机互联网是否可用			是□　否□
检查是否有开发板等实物			是□　否□

任务实施

1. 设计 LED 花样彩灯电路

根据任务描述，小组成员讨论如何设计 LED 花样彩灯电路。在下面方框中绘制 LED 花样彩灯电路。

● 提示：简单 LED 花样彩灯电路可以用单片机 1 个 PB 端口输出控制 8 盏 LED 灯，如用 8 盏 LED 灯组成一些创意图形。

2. 用 Proteus 绘制 LED 花样彩灯电路图

根据表 3 - 3 - 2 的提示完成花样彩灯电路绘制，每完成一步在相应的步骤后面打"√"。

表 3 - 3 - 2　　　　　　　　　　　　　　操作流程表

步骤	操作说明	是否完成
1	在 Proteus 软件中新建文件	□
2	按项目二任务 1 绘制电路图的步骤操作说明完成花样彩灯电路的绘制并保存	□

3. 程序编写

（1）小组成员讨论如何编写花样彩灯主程序流程图，并根据提示将图 3 - 3 - 1 所示主程序流程图补充完整。

提示：花样彩灯可以多种花样显示，如图 3 - 3 - 2 中组成爱心图案的彩灯按由上到下顺序依次循环点亮，1、2、3 点亮→4、5 点亮→6、7、8 点亮→全部点亮，依次循环显示，这样就可以实现爱心花样彩灯效果。

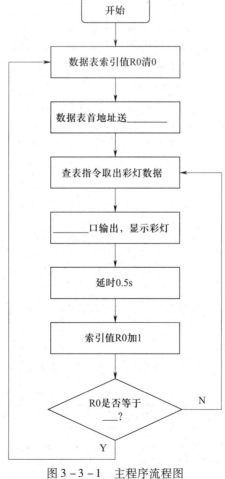

图 3 - 3 - 1　主程序流程图

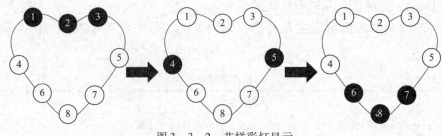

图 3 - 3 - 2　花样彩灯显示

（2）编写程序

根据图 3 - 3 - 1 所示主程序流程图，编写花样彩灯程序，并在下划线处补齐参考程序中的代码或注释。

```
        ORG 0000H
        JMP BEGIN              ;无条件跳转至 BEGIN 标号处
        ORG  0030H
BEGIN:  MOV R0,#00H            ;将数值 0 送 R0 寄存器
        MOV  DPTR, ____        ;彩灯数据表首址送 DPTR
BG:     MOV  A,R0              ;R0 作为查表地址偏移量
        MOVC A,_____        ;查表指令,取出彩灯数据表中数据送到 A 中
        MOV _____,A       ;彩灯数据送到_____口,显示彩灯
        _____ R0          ;R0 加 1,查表地址指向下一位
        CJNE R0,____,BG        ;未取完彩灯数据,跳转到 BG 处取下一个
        LCALL  DELAY           ;
        _____ BEGIN       ;全部取完彩灯数据后,跳转到 BG 处重新开始
DELAY:  MOV R5,#20            ;延时子程序,延时 0.5 s
D1:     MOV R6,#50
D2:     MOV R7,#248
        DJNZ R7,$
        DJNZ R6,D2
        DJNZ R5,D1
        RET
TAB:    DB _____   ;彩灯数据表
        END
```

4. 编译程序

根据表 3 - 3 - 3 的提示完成程序的编译，每完成一步在相应的步骤后面打"√"。

表 3 - 3 - 3　　　　　　　　　　　　操作流程表

步骤	操作说明	是否完成
1	启动 Keil 软件,新建 1 个工程文件和 asm 文本文件,输入源程序代码,保存输入源代码文件,将该文本文件加入到新建的工程文件	☐

续表

步骤	操作说明	是否完成
2	设置目标文件属性，运行编译，观察编译输出窗口提示，分析错误或警告出现的原因。按出现错误类型，在问题类型的框图中打"√"，若是其他问题类型，请填写清楚出现的问题 **问题类型** "O"与"0"不分 □ 字母"I"与数字"1"不分 □ 字母大小写不分 □ 符号写错、写漏 □ 括号写错、写漏 □ 变量名、函数名前后不一致 □ 其他： □	□

5. 仿真调试

根据表 3 – 3 – 4 的提示完成仿真调试，每完成一步在相应的步骤后面打"√"。

表 3 – 3 – 4　　　　　　　　　　　　　　操作流程表

步骤	操作说明	是否完成
1	打开已绘制保存的 Proteus 文档，双击电路图中的单片机，加载在 Keil 软件中已编译成功输出的 hex 文件	□
2	仿真运行，观察花样彩灯显示是否正常	□
3	若花样彩灯显示不正常，请检查电路是否绘制有误，重新仿真运行。若电路无误，如仍不正常显示，请返回检查程序源代码是否正确，重新按步骤 1 仿真调试，直到花样彩灯显示正常	□

6. 开发板调试（选做）

按项目三任务 1 开发板调试步骤操作说明完成调试。

📖 展示与评价

一、成果展示

以小组为单位，从下面任务中抽签选择 1 个任务进行程序修改展示，听取并记录其他小组对本组展示内容的评价和改进建议。

1. 单片机控制花样彩灯先从两边往中间依次点亮，然后从中间往两边依次点亮，点亮间隔时间为 0.5 s。

2. 单片机控制花样彩灯依次 2 个点亮。

3. 单片机控制花样彩灯依次 2 个熄灭（初始状态 8 个 LED 灯全亮）。

二、任务评价

按表 3 - 3 - 5 所列项目进行自我评价、小组评价和教师评价，将结果填入表中。

表 3 - 3 - 5　　　　　　　　　　　　任务考核评分表

评价项目	评价标准	配分（分）	自我评价	小组评价	教师评价
职业素养	安全意识、责任意识、服从意识强	5			
	积极参加教学活动，按时完成各项学习任务	5			
	团队合作意识强，善于与人交流和沟通	5			
	自觉遵守劳动纪律，尊敬师长，团结同学	5			
	爱护公物，节约材料，工作环境整洁	5			
专业能力	硬件电路绘制不正确，每错一处扣 3 分	15			
	指令格式应用错误，每错一处扣 3 分	15			
	程序编写不正确，每错一处扣 5 分	25			
	程序编译与仿真不符合任务要求，每项扣 5 分	20			
合计		100			
总评分	综合等级		教师（签名）		

注：学习任务评价采用自我评价、小组评价和教师评价三种方式，总评分 = 自我评价×20% + 小组评价×20% + 教师评价×60%，评价等级分为 A（90～100）、B（80～89）、C（70～79）、D（60～69）、E（0～59）五个等级。

复习巩固

一、填空题

1. DB 是定义_____命令伪指令。

2. INC 指令的功能是_____。

3. DEC 指令的功能是_____。

二、选择题

1. （　　）属于自加 1 指令。

A. JMP　　　　　　　B. INC　　　　　　　C. DEC　　　　　　　D. RET

2. （　　）属于自减 1 指令。

A. INC　　　　　　　B. RETI　　　　　　　C. DEC　　　　　　　D. RET

3. DPTR 是（　　）位的存储单元。

A. 8　　　　　　　　B. 16　　　　　　　　C. 24　　　　　　　　D. 32

三、判断题

1. DPTR 可以作为指针使用，用来指向外部存储器的地址。　　　　　（　　）

2. 利用查表法可以完成数据运算和数据转换等操作。　　　　　　　（　　）

3. INC 为自减 1 指令。　　　　　　　　　　　　　　　　　　　　（　　）

四、编程题

试采用查表指令编写一个程序,实现单片机控制花样彩灯依次 4 亮 4 灭,间隔 0.5 s 交替显示。

任务4 流水灯显示

明确任务

每当夜幕降临,大街上各式各样广告牌上漂亮的霓虹灯,都会让人们感到赏心悦目,为夜幕中的城市增添了一抹亮丽色彩。其实,这些霓虹灯的工作原理和单片机流水灯是一样的,实际生活中的广告灯箱彩灯、节日里各种装饰彩灯都是流水灯的典型应用。本任务是通过单片机设计实现 8 只发光二极管从左到右(或从右到左、从上到下,从下到上)依次循环点亮 0.5 s。要求选用合适的单片机和 LED 灯,用单片机开发软件绘制单片机控制流水灯显示电路图,提交编写源代码,并用软件及开发板进行仿真。在规定时间内完成任务并提交审核。

资讯学习

为了更好地完成任务,请查阅教材或相关资料,小组成员讨论后回答以下问题。

1. 与操作指令_____,只有两个操作数都是_____时,与操作的结果才是 1。

2. 或操作指令_____,只要有一个操作数是_____时,或操作的结果就是 1。

3. 累加器取反指令_____,对累加器 A 的内容_____取反,不影响标志位。

4. 移位操作只能对_____操作进行,不含进位左循环移位指令为_____,不含进位右循环移位指令为_____。

5. 含有进位标志左循环移位指令为_____,含有进位标志右循环移位指令为_____。

任务准备

根据任务要求进行工位自检,并将结果记录在表 3-4-1 中。

表 3 - 4 - 1 　　　　　　　　　　　　　工位自检表

姓名			学号	
自检项目				记录
检查工位桌椅是否正常				是□　否□
检查工位计算机能否正常开机				能□　否□
检查工位键盘、鼠标是否完好				是□　否□
检查计算机软件 Keil、Proteus 能否正常使用				能□　否□
检查计算机互联网是否可用				是□　否□
检查是否有开发板等实物				是□　否□

任务实施

1. 设计流水灯电路

根据任务描述，小组成员讨论如何设计流水灯电路。在下面方框中绘制流水灯电路。

提示：简单流水灯电路可以用单片机 1 个 PB 端口输出控制 8 盏 LED 灯，如用 8 盏 LED 灯组成一串 LED 灯横放排列或纵向排列。

2. 用 Proteus 绘制流水灯电路图

根据表 3 - 4 - 2 的提示完成流水灯电路绘制，每完成一步在相应的步骤后面打"√"。

表 3 - 4 - 2 　　　　　　　　　　　　　操作流程表

步骤	操作说明	是否完成
1	在 Proteus 软件中新建文件	□
2	按项目二任务 1 绘制电路图的步骤操作说明完成流水灯电路的绘制并保存	□

3. 程序编写

（1）小组成员讨论 PB 输出控制状态如何实现流水灯主程序流程图，并根据提示将图 3-4-1 所示主程序流程图补充完整。

提示：根据单片机控制流水灯电路，流水灯效果是每次显示 1 亮 7 灭，亮灯顺序可以从上到下顺序重复循环，也可以从下到上顺序重复显示，流水灯速度快慢由间隔延时时间决定。编程时可以采用移位操作符或者调用库函数中循环左移或右移的方法。

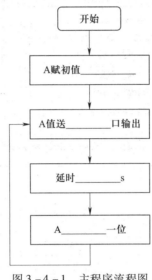

图 3-4-1　主程序流程图

（2）编写程序

根据图 3-4-1 主程序流程图，编写流水灯程序，并在下划线处补齐参考程序中的代码或注释。

```
START:_____        ;A 赋初值
GB:   _____        ;A 送_____输出,点亮一盏 LED 灯
      LCALL   DELAY             ;调用_____子程序
      _____        ;A _____移一位
      SJMP   GB
DELAY:......;(略)
      END
```

4. 编译程序

根据表 3-4-3 的提示完成程序的编译，每完成一步在相应的步骤后面打"√"。

表 3-4-3　　　　　　　　　　　　　　操作流程表

步骤	操作说明	是否完成
1	启动 Keil 软件，新建 1 个工程文件和 asm 文本文件，输入源程序代码，保存输入源代码文件，将该文本文件加入到新建的工程文件	□

续表

步骤	操作说明	是否完成
2	设置目标文件属性，运行编译，观察编译输出窗口提示，分析错误或警告出现的原因。按出现错误类型，在问题类型的框图中打"√"，若是其他问题类型，请填写清楚出现的问题 **问题类型** "O"与"0"不分 □ 字母"I"与数字"1"不分 □ 字母大小写不分 □ 符号写错、写漏 □ 括号写错、写漏 □ 变量名、函数名前后不一致 □ 其他： □	□

5. 仿真调试

根据表 3-4-4 的提示完成仿真调试，每完成一步在相应的步骤后面打"√"。

表 3-4-4　　　　　　　　　操作流程表

步骤	操作说明	是否完成
1	打开已绘制保存的 Proteus 文档，双击电路图中的单片机，加载在 Keil 软件中已编译成功输出的 hex 文件	□
2	仿真运行，观察流水灯显示是否正常	□
3	若流水灯显示不正常，请检查电路是否绘制有误，重新仿真运行。若电路无误，如仍不正常显示，请返回检查程序源代码是否正确，重新按步骤 1 仿真调试，直到流水灯显示正常	□

6. 开发板调试（选做）

按项目三任务 1 开发板调试步骤操作说明完成调试。

展示与评价

一、成果展示

以小组为单位，从下面任务中抽签选择 1 个任务进行程序修改展示，听取并记录其他小组对本组展示内容的评价和改进建议。

1. 单片机控制从左到右，再从右到左间隔 0.5 s 循环显示流水灯。

2. 单片机控制从右到左，再从左到右间隔 0.5 s 循环显示流水灯。

二、任务评价

按表 3-4-5 所列项目进行自我评价、小组评价和教师评价，将结果填入表中。

表 3 - 4 - 5　　　　　　　　　　　　任务考核评分表

评价项目	评价标准	配分（分）	自我评价	小组评价	教师评价
职业素养	安全意识、责任意识、服从意识强	5			
	积极参加教学活动，按时完成各项学习任务	5			
	团队合作意识强，善于与人交流和沟通	5			
	自觉遵守劳动纪律，尊敬师长，团结同学	5			
	爱护公物，节约材料，工作环境整洁	5			
专业能力	硬件电路绘制不正确，每错一处扣 3 分	15			
	指令格式应用错误，每错一处扣 3 分	15			
	程序编写不正确，每错一处扣 5 分	25			
	程序编译与仿真不符合任务要求，每项扣 5 分	20			
合计		100			
总评分		综合等级		教师（签名）	

注：学习任务评价采用自我评价、小组评价和教师评价三种方式，总评分 = 自我评价×20% + 小组评价×20% + 教师评价×60%，评价等级分为 A（90～100）、B（80～89）、C（70～79）、D（60～69）、E（0～59）五个等级。

复习巩固

一、填空题

1. CLR 指令的功能是_____。

2. RLC 指令的功能是_____。

二、选择题

1. （　　）指令属于移位指令。

A. CLR　　　　　　　B. ANL　　　　　　　C. ORL　　　　　　　D. RL

2. （　　）指令属于或指令。

A. CLR　　　　　　　B. ANL　　　　　　　C. ORL　　　　　　　D. RL

3. （　　）指令属于逻辑运算指令。

A. RLC　　　　　　　B. RR　　　　　　　C. RET　　　　　　　D. ANL

三、判断题

1. 与操作的功能与数字电路中的与门相似，只有两个操作数都是 1 时，与操作的结果才是 1。　　　　　　　　　　　　　　　　　　　　　　　　　　　（　　）

2. 移位操作只能对累加器 A 进行。　　　　　　　　　　　　　　　　　（　　）

3. 异或操作的功能与数字电路中的或门相似。　　　　　　　　　　　　（　　）

四、编程题

编写程序，实现单片机控制 8 盏 LED 灯间隔 1 盏灯亮灭，每隔 0.5 s 循环显示。

任务5　键控流水灯

明确任务

本任务是在任务4流水灯的基础上，采用按键来控制流水灯开始、停止、正向、反向控制，实现键控流水灯的效果，要求选用合适的单片机、开关和LED灯，用单片机开发软件绘制键控流水灯电路图，提交编写源代码，并用软件及开发板进行仿真。在规定时间内完成任务并提交审核。

说明：按键开关作为键控流水灯输入设备，LED灯作为输出设备，键控流水灯状态表见表3-5-1。

表3-5-1　　　　　　　　　键控流水灯状态表

开始按键K1	停止按键K2	正向按键K3	反向按键K4	流水灯状态
按下	弹起	按下	弹起	LED灯从上往下依次单个点亮
按下	弹起	弹起	按下	LED灯从下往上依次单个点亮
弹起	按下	X	X	LED灯停在当前状态
弹起	按下	X	X	LED灯停在当前状态

资讯学习

为了更好地完成任务，请查阅教材或相关资料，小组成员讨论后回答以下问题。

1. 为了克服按键触点机械抖动所致的检测误判，必须采取消抖措施。按键消抖有_____消抖和软件消抖两种方式。

2. 软件消抖常采用_____ms延时程序来实现。

3. 判断表3-5-2中的位转移指令语句格式是否正确，若不正确，请修订。

表3-5-2　　　　　　　　　位转移指令语句

位转移指令语句	是否正确	修订
JNC P1.0, L1	☐	
JC　rel	☐	
JB P1.0　K1	☐	
JNB P1.0, K1	☐	

任务准备

根据任务要求进行工位自检，并将结果记录在表3-5-3中。

表 3 - 5 - 3   **工位自检表**

姓名		学号	
自检项目			记录
检查工位桌椅是否正常			是□ 否□
检查工位计算机能否正常开机			能□ 否□
检查工位键盘、鼠标是否完好			是□ 否□
检查计算机软件 Keil、Proteus 能否正常使用			能□ 否□
检查计算机互联网是否可用			是□ 否□
检查是否有开发板等实物			是□ 否□

任务实施

1. 设计键控流水灯电路

根据任务描述，请你和小组成员讨论如何设计键控流水灯电路，在下面方框中绘制键控流水灯电路图。

提示：可用同一个 PB 端口接四个按键开关，如 P1.0 接 K1 开始按键，P1.1 接 K2 停止按键，P1.2 接 K3 正向按键，P1.3 接 K4 反向按键，另一个 PB 端口接 LED 灯，如用 P2 口接 LED 灯。

2. 用 Proteus 绘制键控流水灯电路图

根据表 3 - 5 - 4 的提示完成键控流水灯电路绘制，每完成一步在相应的步骤后面打"√"。

表 3 – 5 –4	操作流程表	
步骤	操作说明	是否完成
1	在 Proteus 软件中新建文件	☐
2	按项目二任务 1 绘制电路图的步骤操作说明完成键控流水灯电路的绘制并保存	☐

3. 程序编写

（1）小组成员讨论如何编写键控流水灯主程序流程图，并根据提示将图 3 – 5 – 1 所示主程序流程图补充完整。

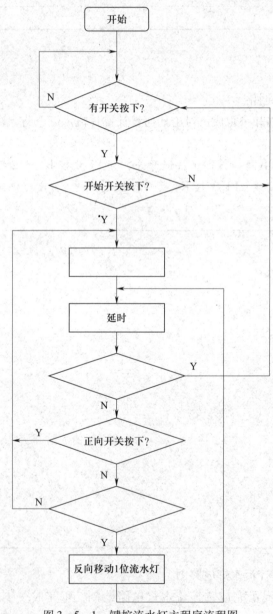

图 3 – 5 – 1　键控流水灯主程序流程图

提示：根据键控流水灯电路，键控流水灯实现如下显示：

a. 当 K1 开关按下时，流水灯开始启动且正向移动（从上到下）显示。

b. 当 K2 开关按下时，流水灯停止移动，停在当前 LED 灯显示位置，只有再次 K1 开关按下时，流水灯才能从当前 LED 灯再次移动显示。

c. 当 K3 开关按下时，流水灯从当前 LED 灯正向移动显示。

d. 当 K4 开关按下时，流水灯从当前 LED 灯反向（从下到上）移动显示。

（2）编写程序

根据图 3 - 5 - 1 主程序流程图，编写键控流水灯程序，并在下划线处补齐参考程序中的代码或注释。

```
              ORG   0000H
              JMP   MAIN                    ;无条件跳转至 MAIN 标号处
              ORG   0030H                   ;主程序从 0030H 地址开始运行
MAIN:   MOV   P2,_____               ;初始状态,LED 灯熄灭
              MOV   R1,#00H
              MOV   R2,#00H
              MOV   A,_____           ;A 赋值点亮第一只 LED 灯初始值
LOOP:   _____,START              ;当开始按键按下时,则程序跳转至 START 标号处
              _____,STOP               ;当停止按键按下时,则程序跳转至 STOP 标号处
              _____,ZHENG             ;当正向按键按下时,则程序跳转至 ZHENG 标号处
              _____,FAN                ;当反向按键按下时,则程序跳转至 FAN 标号处
              CJNE   _____,LOOP        ;若开始按键未按下或停止按键按下,转至 LOOP 循环
              MOV P2,A                      ;开始按键按下时,将 A 数据送 P2 口,显示 LED 灯
              LCALL DELAY                   ;调用延时程序 DELAY,延时 0.2 s
              CJNE   _____,ZZ          ;若反向按键未按下时,转至 ZZ 标号处
              _____ A                  ;反向按键按下时,循环_____移 1 位,反向循环流水显示
              LJMP   LOOP                   ;无条件跳转至 LOOP 标号处
ZZ:      _____ A                  ;若正向按键按下或开始按键按下时,循环_____1 位,
                                            ;正向循环流水显示
              LJMP   LOOP                   ;无条件跳转至 LOOP 标号处
START:_____                     ;调用延时 10 ms 程序,按键消抖
              _____,LOOP               ;再次判断开始按键是否按下,无则转至 LOOP 循环
              MOV R1,#01H                   ;开始按键按下时,R1 赋值 01H
              LJMP LOOP                     ;无条件跳转至 LOOP 标号处
STOP:    _____                     ;调用延时 10 ms 程序,按键消抖
              _____,LOOP               ;再次判断停止按键是否按下,无则转至 LOOP 循环
              MOV R1,#00H                   ;停止按键按下时,R1 赋值 00H
              LJMP   LOOP                   ;无条件跳转至 LOOP 标号处
FAN:     _____                     ;调用延时 10 ms 程序,按键消抖
              _____,LOOP               ;再次判断反向按键是否按下,无则转至 LOOP 循环
              MOV R2,#01H                   ;反向按键按下时,R2 赋值 01H
```

```
        LJMP   LOOP                      ;无条件跳转至 LOOP 标号处
ZHENG:_____                     ;调用延时 10 ms 程序,按键消抖
        _____,LOOP              ;再次判断正向按键是否按下,无则转至 LOOP 循环
        MOV R2,#00H                       ;正反向按键按下时,R2 赋值 00H
        LJMP   LOOP                      ;无条件跳转至 LOOP 标号处
DELAY:......                              ;延时子程序,延时 0.2 s,程序略
        RET
DELAY10ms:......                          ;延时子程序,延时 10 ms,程序略
        RET
        END
```

4. 编译程序

根据表 3 - 5 - 5 的提示完成程序的编译，每完成一步在相应的步骤后面打 "√"。

表 3 - 5 - 5　　　　　　　　　　　　　　　　操作流程表

步骤	操作说明	是否完成
1	启动 Keil 软件，新建 1 个工程文件和 asm 文本文件，输入源程序代码，保存输入源代码文件，将该文本文件加入到新建的工程文件	□
2	设置目标文件属性，运行编译，观察编译输出窗口提示，分析错误或警告出现的原因。按出现错误类型，在问题类型的框图中打 "√"，若是其他问题类型，请填写清楚出现的问题 **问题类型** "O" 与 "0" 不分　□ 字母 "l" 与数字 "1" 不分　□ 字母大小写不分　□ 符号写错、写漏　□ 括号写错、写漏　□ 变量名、函数名前后不一致　□ 其他：　□	□

5. 仿真调试

根据表 3 - 5 - 6 的提示完成仿真调试，每完成一步在相应的步骤后面打 "√"。

表 3 - 5 - 6　　　　　　　　　　　　　　　　操作流程表

步骤	操作说明	是否完成
1	打开已绘制保存的 Proteus 文档，双击电路图中的单片机，加载在 Keil 软件中已编译成功输出的 hex 文件	□
2	仿真运行，观察键控流水灯运行是否正常	□
3	若键控流水灯控制不正常，请检查电路是否绘制有误，重新运行仿真。若电路无误，如仍不正常，请返回检查程序源代码是否正确，重新按步骤 1 仿真调试，直到键控流水灯运行正常	□

6. 开发板调试（选做）

按项目三任务 1 开发板调试步骤操作说明完成调试。

展示与评价

一、成果展示

以小组为单位，从下面任务中抽签选择 1 个任务进行程序修改展示，听取并记录其他小组对本组展示内容的评价和改进建议。

1. 当按下开始按键，LED 灯正向循环流水显示。

2. 当按下反向按键，LED 灯间隔 1 个 LED 灯反向循环流水显示。

3. 当按下正向按键，LED 灯间隔 1 个 LED 灯正向循环流水显示。

二、任务评价

按表 3 – 5 – 7 所列项目进行自我评价、小组评价和教师评价，将结果填入表中。

表 3 – 5 – 7　　　　　　　　　　　任务考核评分表

评价项目	评价标准	配分（分）	自我评价	小组评价	教师评价
职业素养	安全意识、责任意识、服从意识强	5			
	积极参加教学活动，按时完成各项学习任务	5			
	团队合作意识强，善于与人交流和沟通	5			
	自觉遵守劳动纪律，尊敬师长，团结同学	5			
	爱护公物，节约材料，工作环境整洁	5			
专业能力	硬件电路绘制不正确，每错一处扣 3 分	15			
	指令格式应用错误，每错一处扣 3 分	15			
	程序编写不正确，每错一处扣 5 分	25			
	程序编译与仿真不符合任务要求，每项扣 5 分	20			
合计		100			
总评分		综合等级		教师（签名）	

注：学习任务评价采用自我评价、小组评价和教师评价三种方式，总评分 = 自我评价 × 20% + 小组评价 × 20% + 教师评价 × 60%，评价等级分为 A（90～100）、B（80～89）、C（70～79）、D（60～69）、E（0～59）五个等级。

复习巩固

一、填空题

1. 按键按照结构原理分为两类，一类是_____，另一类是_____。

2. JC 指令的功能是_____。

二、选择题

1. 单片机控制系统中，按键主要作为（　　）使用。

A. 输入设备　　　　B. 输出设备　　　　C. 显示设备　　　　D. 以上都不对

2. （   ）指令属于位转移指令。

A. JMP B. JNC C. LJMP D. ANL

三、编程题

试编写按键控制 LED 灯闪烁程序。当按键按下时，LED 灯闪烁，按键弹起时 LED 灯熄灭。

项目四

LED 数码管显示器

任务1　数码管静态显示

　　数码管因其结构简单、显示清晰广泛应用于各大电子领域。本任务是设计一个数码管显示电路，实现间隔1 s循环显示0~9功能，要求绘制单片机控制数码管静态显示电路图，提交编写的源代码，并用软件及开发板进行仿真。在规定时间内完成任务并提交审核。

资讯学习

为了更好地完成任务，请查阅教材或相关资料，小组成员讨论后回答以下问题。

1. 识读数码管

（1）数码管是一种发光的半导体元器件，其基本单元由＿＿＿＿＿＿＿＿＿＿＿组成。

（2）将字母 a、b、c、d、e、f、g、dp 标记在图 4-1-1 所示数码管的相应段（　）处。

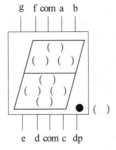

图 4-1-1　数码管段码结构图

（3）完成数码管显示字形及对应段码表的填写，见表 4 - 1 - 1。

表 4 - 1 - 1　　　　　　　　数码管显示字形及对应段码表

字形	共阳极	共阴极	字形	共阳极	共阴极
0			5		
1			6		
2			7		
3			8		
4			9		

2. 数码管编程相关知识

（1）要在 P2 口所连接的共阴极数码管上显示"3"，可采用汇编语言指令：MOV P2, _____。

（2）要在 P1 口所连接的共阳极数码管上显示"5"，可采用汇编语言指令：MOV P1, _____。

3. 识读数码管驱动电路

（1）数码管静态显示驱动电路一般有_____驱动电路和锁存器驱动电路两种。

（2）在锁存器驱动电路中，单片机的 I/O 口常采用_____驱动电路。

任务准备

根据任务要求进行工位自检，并将结果记录在表 4 - 1 - 2 中。

表 4 - 1 - 2　　　　　　　　工位自检表

姓名		学号	
自检项目			记录
检查工位桌椅是否正常			是□　否□
检查工位计算机能否正常开机			能□　否□
检查工位键盘、鼠标是否完好			是□　否□
检查计算机软件 Keil、Proteus 能否正常使用			能□　否□
检查计算机互联网是否可用			是□　否□
检查是否有开发板等实物			是□　否□

任务实施

1. 设计数码管静态显示电路

根据任务描述，以小组为单位讨论如何设计数码管静态显示电路，在下面方框中绘制单片机控制数码管静态显示电路。

提示：实现单片机驱动数码管静态显示，可以采用锁存器驱动（如 74LS373、74LS245、74LS573 等），可以选用共阳极或共阴极数码管。

2. 用 Proteus 绘制数码管静态显示电路图

根据表 4-1-3 的提示完成数码管静态显示电路绘制，每完成一步在相应的步骤后面打"√"。

表 4-1-3 　　　　　　　　　　　操作流程表

步骤	操作说明	是否完成
1	在 Proteus 软件中新建文件，选择并放置 MCS-51 系列单片机、数码管（型号_____）、驱动电路选择： □锁存器（型号_____） □直接驱动 □其他元器件（_____）	□
2	按项目二任务 1 绘制电路图的步骤操作说明完成数码管静态显示电路绘制并保存	□

3. 程序编写

（1）小组成员讨论如何编写数码管静态显示主程序流程图，并根据提示将图 4-1-2 所示主程序流程图补充完整。

提示：通过查表取出 0~9 的共阳极或共阴极段码数组字节数据，在单片机任意端口输出段码。按 0~9 顺序间隔 1 s 循环显示。

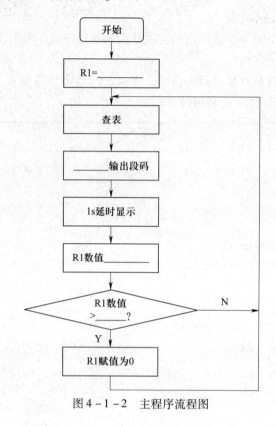

图 4 - 1 - 2　主程序流程图

（2）根据图 4 - 1 - 2 主程序流程图，编写数码管静态显示程序，并在下划线处补齐参考程序中的代码或注释。

```
          ORG 0000H
          LJMP START              ;转 START
          ORG 0030H               ;
START:    MOV R1,_____           ;初始化数码管显示数值变量
          _____           ;段码表首地址 DPTR
LOOP:     MOV A,R1                ;_____
          _____           ;查表指令
          _____           ;将查表段码数据送_____口
          ACALL DELAY1S           ;_____
          _____ R1            ;R1 加 1
          CJNE R1,_____,NEXT
          MOV R1,#0
NEXT:     LJMP LOOP               ;跳转 LOOP 循环
DELAY1S:......                    ;延时 1 s 子程序(略)
          RET
```

```
TAB:    DB _____        ;0 ~ 4 数字段码
        DB _____        ;5 ~ 9 数字段码
        END
```

4. 编译程序

根据表 4 – 1 – 4 的提示完成程序的编译，每完成一步在相应的步骤后面打"√"。

表 4 – 1 – 4 　　　　　　　　　　　　操作流程表

步骤	操作说明	是否完成
1	启动 Keil 软件，新建 1 个工程文件和 asm 文本文件，输入源程序代码，保存输入源代码文件，将该文本文件加入到新建的工程文件	☐
2	设置目标文件属性，运行编译，观察编译输出窗口提示，分析错误或警告出现的原因。按出现错误类型，在问题类型的框图中打"√"，若是其他问题类型，请填写清楚出现的问题 **问题类型** "O" 与 "0" 不分 ☐ 字母 "I" 与数字 "1" 不分 ☐ 字母大小写不分 ☐ 符号写错、写漏 ☐ 括号写错、写漏 ☐ 变量名、函数名前后不一致 ☐ 其他： ☐	☐

5. 仿真调试

根据表 4 – 1 – 5 的提示完成仿真调试，每完成一步在相应的步骤后面打"√"。

表 4 – 1 – 5 　　　　　　　　　　　　操作流程表

步骤	操作说明	是否完成
1	打开已绘制保存的 Proteus 文档，双击电路图中的单片机，加载在 Keil 软件中已编译成功输出的 hex 文件	☐
2	仿真运行，观察数码管显示是否正常	☐
3	若数码管显示不正常，检查电路是否有误（如数码管极性是否有误），修改后重新运行仿真。若电路无误，数码管显示还是不正常，则返回检查程序源代码是否正确，重新按步骤 1 仿真调试，直到数码管正常显示	☐

6. 开发板调试（选做）

按项目三任务 1 开发板调试步骤操作说明完成调试。

展示与评价

一、成果展示

以小组为单位，从下面任务中抽签选择 1 个任务进行程序修改展示，听取并记录其他小组对本组展示内容的评价和改进建议。

1. 数码管从 9~0 间隔 1 s 循环显示。

2. 数码管从 0~9 间隔 0.5 s 循环显示。

3. 数码管从 5~0 间隔 1 s 循环显示。

4. 数码管从 0~5 间隔 0.5 s 循环显示。

二、任务评价

按表 4 - 1 - 6 所列项目进行自我评价、小组评价和教师评价，将结果填入表中。

表 4 - 1 - 6 　　　　　　　　　任务考核评分表

评价项目	评价标准	配分（分）	自我评价	小组评价	教师评价
职业素养	安全意识、责任意识、服从意识强	5			
	积极参加教学活动，按时完成各项学习任务	5			
	团队合作意识强，善于与人交流和沟通	5			
	自觉遵守劳动纪律，尊敬师长，团结同学	5			
	爱护公物，节约材料，工作环境整洁	5			
专业能力	硬件电路绘制不正确，每错一处扣 3 分	15			
	指令格式应用错误，每错一处扣 3 分	15			
	程序编写不正确，每错一处扣 5 分	25			
	程序编译与仿真不符合任务要求，每项扣 5 分	20			
合计		100			
总评分		综合等级		教师（签名）	

注：学习任务评价采用自我评价、小组评价和教师评价三种方式，总评分 = 自我评价 ×20% + 小组评价 ×20% + 教师评价 ×60%，评价等级分为 A（90~100）、B（80~89）、C（70~79）、D（60~69）、E（0~59）五个等级。

复习巩固

一、填空题

1. 七段共阴极发光二极管显示字符 'D'，段码应为_____。

2. 七段共阳极发光二极管显示字符 'D'，段码应为_____。

3. 七段共阴极发光二极管显示字符 '4'，段码应为_____。

4. 七段共阳极发光二极管显示字符 '4'，段码应为_____。

二、选择题

1. 关于数码管静态显示的优点，以下说法错误的是（　　　）。

A. 电路结构简单　　　　　　　　　B. 显示稳定

C. 占用 I/O 口较多　　　　　　　　D. 程序复杂

2. 七段共阴极发光二极管显示字符 'H'，段码应为（　　　）。

A. 67H　　　　　　B. 89H　　　　　　C. 91H　　　　　　D. 76H

三、判断题

1. 数码管是一种发光的金属元器件，具有显示清晰、亮度高、接口方便、价格便宜等

优点。　　　　　　　　　　　　　　　　　　　　　　　　　　　　（　　）

2. 数码管按照发光二极管的不同连接方式可分为共阴极数码管和共阳极数码管。

（　　）

3. 如使用共阴极数码管显示，段码位数字输出为 0 表示对应字段的发光二极管点亮。

（　　）

四、编程题

试编写用数码管静态显示方式显示数字"12"的程序。

任务2　数码管动态显示

明确任务

本任务是设计 1 个 4 位数码管显示器，采用动态显示方式显示"1234"，利用人眼视觉暂留效应达到稳定不闪烁效果。要求选用合适的四位数码管，用单片机开发软件绘制四位数码管动态显示电路图，提交编写的源代码，并用软件及开发板进行仿真。在规定时间内完成任务并提交审核。

资讯学习

为了更好地完成任务，请查阅教材或相关资料，小组成员讨论后回答以下问题。

1. 识读数码管动态显示原理

（1）数码管动态显示指将所有数码管的 a、b、c、d、e、f、g、dp 连接起来作为_____选线。每个数码管的公共极 COM 作为_____控制端口，如图 4 - 2 - 1 所示。

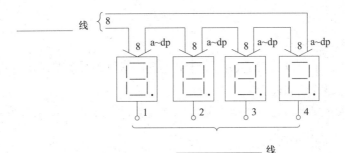

图 4 - 2 - 1　四位数码管结构示意图

（2）动态显示时，单片机轮流选通数码管显示对应位置的字符。由于人眼的_____，人们看到的所有数码管都在同时显示不同的字符。在动态显示时，每位数码管稳定显示需要的时间约为_____ ms。

（3）动态显示为避免余影现象产生，可编写消隐程序清除余影。消隐的常用办法有_____消隐和_____消隐。

2. 数码管动态显示驱动电路相关知识

数码管动态显示具有节省_____的优点，但与静态显示方式相比，其亮度较低，当数码管的段电流较小时，可以直接使用端口直接驱动，当数码管公共端的电流较大时，需要外接_____来提高数码管显示亮度。

3. 识读数制的权位分解

要将十进制数据各个权位上的十进制数码分解出来。这通常要运用汇编语言中的_____运算来完成。

任务准备

根据任务要求进行工位自检，并将结果记录在表4-2-1中。

表4-2-1　　　　　　　工位自检表

姓名		学号	
自检项目			记录
检查工位桌椅是否正常			是□　否□
检查工位计算机能否正常开机			能□　否□
检查工位键盘、鼠标是否完好			是□　否□
检查计算机软件 Keil、Proteus 能否正常使用			能□　否□
检查计算机互联网是否可用			是□　否□
检查是否有开发板等实物			是□　否□

任务实施

1. 设计单片机驱动数码管静态显示电路

根据任务描述，小组成员讨论如何设计单片机控制数码管动态显示电路，在下面方框中绘制单片机控制数码管动态显示电路图。

提示：实现单片机驱动数码管静态显示，可以采用锁存器驱动（如74LS373、74LS245、74LS573 等），可以选用共阳极或共阴极数码管。

2. 用 Proteus 绘制数码管动态显示电路图

根据表 4 - 2 - 2 的提示完成数码管动态显示电路绘制，每完成一步在相应的步骤后面打"√"。

表 4 - 2 - 2　　　　　　　　　　　　　　操作流程表

步骤	操作说明	是否完成
1	在 Proteus 软件中新建文件，选择并放置 MCS - 51 系列单片机、数码管（型号_____）、驱动电路选择： □锁存器（型号_____，数量_____） □直接驱动 □其他元器件（_____）	□
2	按项目二任务 1 绘制电路图的步骤操作说明完成数码管动态显示电路绘制并保存	□

3. 程序编写

（1）小组成员讨论如何编写单片机控制数码管动态显示主程序流程图，并根据提示将图 4 - 2 - 2 所示主程序流程图补充完整。

提示：将要显示的 4 位数值分别存放在 R1 和 R2 中，然后分别用 DIV 除法指令分别取出千、百、十、个位，通过查表指令，将段码送段选线端口（如 P0 口），数码管选通码送位选端口（如 P2 口），延时 2 ms，使 4 位数码管轮流选通动态扫描显示。

图4-2-2 主程序流程图

（2）编写程序

根据图4-2-2主程序流程图，编写数码管动态显示程序，并在下划线处补齐参考程序中的代码或注释。

```
    ORG  0000H
    LJMP MAIN              ;转主程序
    ORG 0030H
MAIN:MOV SP, #5FH
```

```
        MOV R1,_____    ;需要显示的千百位数字"12"送 R1 寄存器
        MOV R2,_____    ;需要显示的十个位数字"34"送 R2 寄存器
        MOV _____, #TAB  ;赋值段码数组表首地址
LOOP:MOV  B,_____       ;除数赋值 B
        MOV A, R1
        _____   ;除法运算,商为_____数字存放 A 中
                               ;余数为_____数字存放在 B 中
        MOVC  A, @ A + DPTR    ;查表,取_____段码
        MOV P0, A              ;显示_____数字
        MOV P2,_____    ;选通_____数码管
        ACALL DELAY2ms         ;延时 2 ms
        MOV P2, _____   ;位消隐
        MOV  A,B
        MOVC  A, @ A + DPTR    ;查表,取_____段码
        MOV P0, A              ;显示_____数字
        MOV P2,_____    ;选通_____数码管
        ACALL DELAY2ms         ;延时 2 ms
        MOV P2,_____    ;位消隐
        MOV A, R2
        MOV B,_____     ;除数赋值 B
        _____   ;除法运算,商为_____数字存放 A 中
                               ;余数为_____数字存放在 B 中
        MOVC  A, @ A + DPTR    ;查表,取_____段码
        MOV P0, A              ;显示_____数字
        MOV P2, _____   ;选通_____数码管
        ACALL DELAY2ms         ;延时 2 ms
        MOV P2, _____   ;位消隐
        MOV  A,B
        MOVC  A, @ A + DPTR    ;查表,取_____段码
        MOV P0, A              ;显示_____数字
        MOV P2,_____    ;选通_____数码管
        ACALL DELAY2ms         ;延时 2 ms
        MOV P2, _____   ;位消隐
        LJMP LOOP              ;循环
DELAY2ms:.......               ;延时 2 ms 子程序,略
        RET
TAB: DB _____    ;数码管 0~9 数字段码
        END
```

4. 编译程序

根据表 4 - 2 - 3 的提示完成程序的编译,每完成一步在相应的步骤后面打"√"。

表 4 - 2 - 3　　　　　　　　　　　　操作流程表

步骤	操作说明	是否完成
1	启动 Keil 软件，新建 1 个工程文件和 asm 文本文件，输入源程序代码，保存输入源代码文件，将该文本文件加入到新建的工程文件	☐
2	设置目标文件属性，运行编译，观察编译输出窗口提示，分析错误或警告出现的原因。按出现错误类型，在问题类型的框图中打"√"，若是其他问题类型，请填写清楚出现的问题 **问题类型** "O" 与 "0" 不分　☐ 字母 "I" 与数字 "1" 不分　☐ 字母大小写不分　☐ 符号写错、写漏　☐ 括号写错、写漏　☐ 变量名、函数名前后不一致　☐ 其他：　☐	☐

5. 仿真调试

根据表 4 - 2 - 4 的提示完成仿真调试，每完成一步在相应的步骤后面打"√"。

表 4 - 2 - 4　　　　　　　　　　　　操作流程表

步骤	操作说明	是否完成
1	打开已绘制保存的 Proteus 文档，双击电路图中的单片机，加载在 Keil 软件中已编译成功输出的 hex 文件	☐
2	仿真运行，观察数码管动态显示是否正常	☐
3	若数码管动态显示不正常，检查电路是否有误（如数码管极性是否有误），修改后重新运行仿真。若电路无误，数码管动态显示还是不正常，则返回检查程序源代码是否正确，重新按步骤 1 仿真调试，直到数码管动态显示正常	☐

6. 开发板调试（选做）

按项目三任务 1 开发板调试步骤操作说明完成调试。

📖 展示与评价 ▶

一、成果展示

以小组为单位，从下面任务中抽签选择 1 个任务进行程序修改展示，听取并记录其他小组对本组展示内容的评价和改进建议。

1. 数码管动态显示数字"1234"，间隔延时调整为 100 ms。

2. 数码管动态显示数字"1234"，间隔延时调整为 10 ms。

3. 数码管动态显示数字"4321"。间隔延时调整为 2 ms。

二、任务评价

按表 4 – 2 – 5 所列项目进行自我评价、小组评价和教师评价，将结果填入表中。

表 4 – 2 – 5　　　　　　　　　　任务考核评分表

评价项目	评价标准	配分（分）	自我评价	小组评价	教师评价
职业素养	安全意识、责任意识、服从意识强	5			
	积极参加教学活动，按时完成各项学习任务	5			
	团队合作意识强，善于与人交流和沟通	5			
	自觉遵守劳动纪律，尊敬师长，团结同学	5			
	爱护公物，节约材料，工作环境整洁	5			
专业能力	硬件电路绘制不正确，每错一处扣 3 分	15			
	指令格式应用错误，每错一处扣 3 分	15			
	程序编写不正确，每错一处扣 5 分	25			
	程序编译与仿真不符合任务要求，每项扣 5 分	20			
合计		100			
总评分	综合等级		教师（签名）		

注：学习任务评价采用自我评价、小组评价和教师评价三种方式，总评分 = 自我评价 ×20% + 小组评价 ×20% + 教师评价 ×60%，评价等级分为 A（90～100）、B（80～89）、C（70～79）、D（60～69）、E（0～59）五个等级。

📖 复习巩固

一、填空题

1. 多位数码管的公共 COM 引脚又称_____线。

2. 利用_____效应及发光二极管_____效应，各位数码管虽然并非同时点亮，但只要扫描速度足够快，自然会显示一组稳定不闪烁字形。

3. 数码管公共端的电流_____时，需要外接_____电路来提高数码管显示亮度。

二、选择题

1. 动态显示为避免显示模糊现象产生，可编写（　　）程序清除余影。

A. 延时　　　　　　B. 消除　　　　　　C. 等待　　　　　　D. 消隐

2. 执行除法指令"DIV AB"运算后，运算得到的商存放在（　　）。

A. A　　　　　　B. B　　　　　　C. CY　　　　　　D. R0

三、判断题

1. LED 数码管显示有静态显示和动态显示两种显示方式。　　　　　　　　　　（　　）

2. 先禁止显示所有位选码信号，再将新段码传递后再进行新的片选，这是"消隐"的

一种方法。 （　　）

   3. 当数码管的段电流较大时，可以直接使用单片机端口直接驱动。 （　　）

四、编程题

试编写数码管动态显示"HE"程序。

中断控制应用

任务　直流电动机控制

明确任务

　　本任务要设计一个直流电动机控制系统，实现直流电动机正反转及停止控制，且直流电动机停止运行需要快速反馈控制，要求选用合适的单片机、直流电动机和开关，用单片机开发软件绘制直流电动机控制电路图，提交编写的源代码，并用软件进行仿真。在规定时间内完成任务并提交审核。

资讯学习

　　为了更好地完成任务，请查阅教材或相关资料，小组成员讨论后回答以下问题。

1. MCS – 51 系列单片机有 3 类中断：_____、_____、_____。

2. MCS – 51 系列单片机通常包含 5 个中断源，分别为_____、_____、

_____、_____、_____。

3. 在表 5 – 1 – 1 中填写相对应的中断源和中断号。

表 5 – 1 – 1　　　　　　　　　　中断号及中断源入口地址

中断源	中断入口地址	中断标志	中断号	中断优先级
	0003H	IE0		高
	000BH	TF0		↓
	0013H	IE1		↓
	001BH	TF1		↓
	0023H	TI、RI		低

4. 当 CPU 完成中断服务程序，执行最后一条指令_____时，CPU 返回到原来

_____的地方继续执行程序。

📖 任务准备

根据任务要求进行工位自检，并将结果记录在表5-1-2中。

表5-1-2   工位自检表

姓名		学号	
自检项目			记录
检查工位桌椅是否正常			是□ 否□
检查工位计算机能否正常开机			能□ 否□
检查工位键盘、鼠标是否完好			是□ 否□
检查计算机软件Keil、Proteus能否正常使用			能□ 否□
检查计算机互联网是否可用			是□ 否□
检查是否有开发板等实物			是□ 否□

🖥 任务实施

1. 设计直流电动机控制电路

根据任务描述，小组成员讨论如何设计直流电动机控制电路，在下面方框中绘制直流电动机控制电路图。

提示：直流电动机可选用电动机驱动芯片L293D，控制电路可设计3个按键，分别控制正转、反转和停止功能，其中停止按键与外部中断相接，当停止按键触发时，立即控制电动机停止。请查阅L293D电动机驱动芯片相关资料，连接驱动直流电动机电路。

2. 用 Proteus 绘制单片机控制直流电动机电路

根据表 5 - 1 - 3 的提示完成直流电动机控制电路绘制，每完成一步在相应的步骤后面打"√"。

表 5 - 1 - 3　　　　　　　　　　　　　　操作流程表

步骤	操作说明	是否完成
1	在 Proteus 软件中新建文件，选择并放置 MCS - 51 系列单片机、直流电动机驱动电路，驱动电路选择： □专用驱动芯片（型号＿＿＿＿＿＿＿＿＿＿＿） □其他器件（＿＿＿＿＿＿＿＿＿＿＿＿）	□
2	按项目二任务 1 绘制电路图的步骤操作说明完成直流电动机控制电路绘制并保存	□

3. 程序编写

（1）小组成员讨论如何编写直流电动机控制程序流程图，并根据提示将图 5 - 1 - 1 所示程序流程图补充完整。

提示：本任务程序执行分为两部分，主程序部分和中断服务程序部分，其中主程序负责处理正转或反转按钮按下时，控制直流电动机执行相应的操作，中断服务程序部分对停止按键进行处理。

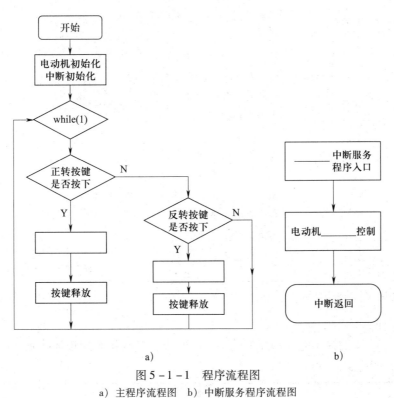

a)　　　　　　　　　　　　　　　b)

图 5 - 1 - 1　程序流程图

a）主程序流程图　b）中断服务程序流程图

（2）编写程序

根据图 5 - 1 - 1 主程序流程图，编写直流电动机控制程序，并在下划线处补齐参考程序中的代码或注释。

```
                ORG 0000H
                LJMP MAIN          ;转向开始主程序
                ORG _____         ;外部中断_____入口地址
                LJMP TING          ;转向_____标号处
                ORG 0100H          ;主程序
        MAIN:   STEB _____         ;设置外部中断方式为_____触发
                _____        ;开启外部____中断
                _____        ;开启总中断
        KEY:    _____,ZZ     ;当正转按键按下时,跳转到 ZZ 处执行
                _____,FZ     ;当反转按键按下时,跳转至 FZ 处执行
                LJMP  KEY          ;如果没有按键按下则跳转至 KEY 处重新检测
        ZZ:     LCALL  DELAY       ;调用 DELAY 子程序,延时 10 ms 消抖
                _____,KEY    ;再次判断正转按键是否按下,
                                   ;否则转至 KEY 处重新检测
                _____        ;等待正转按键松开
                _____        ;电动机正转
                _____        ;电动机正转
                LJMP  KEY          ;跳转至 KEY 处重新检测按键
        FZ:     LCALL  DELAY       ;调用 DELAY 子函数,延时 10 ms 消抖
                _____,KEY    ;再次判断反转按键是否按下,
                                   ;否则转至 KEY 处重新检测
                _____        ;等待反转按键松开
                _____        ;电机机反转
                _____        ;电机机反转
        LJMP  KEY                  ;跳转至 KEY 处重新检测按键
        DELAY:......               ;DELAY 延时子程序,延时 10 ms,程序略
        TING:                      ;中断服务程序入口
                _____        ;//电动机停止
                _____        ;//电动机停止
                RETI               ;_____
                END
```

4. 编译程序

根据表 5 - 1 - 4 的提示完成程序的编译，每完成一步在相应的步骤后面打"√"。

表 5 - 1 - 4　　　　　　　　　　　　操作流程表

步骤	操作说明	是否完成
1	启动 Keil 软件，新建 1 个工程文件和 asm 文本文件，输入源程序代码，保存输入源代码文件，将该文本文件加入到新建的工程文件	☐

步骤	操作说明	是否完成
2	设置目标文件属性,运行编译,观察编译输出窗口提示,分析错误或警告出现的原因。按出现错误类型,在问题类型的框图中打"√",若是其他问题类型,请填写清楚出现的问题 问题类型 "O"与"0"不分 □ 字母"I"与数字"1"不分 □ 字母大小写不分 □ 符号写错、写漏 □ 括号写错、写漏 □ 变量名、函数名前后不一致 □ 其他: □	□

5. 仿真调试

根据表 5 - 1 - 5 的提示完成仿真调试,每完成一步在相应的步骤后面打"√"。

表 5 - 1 - 5   操作流程表

步骤	操作说明	是否完成
1	打开已绘制保存的 Proteus 文档,双击电路图中的单片机,加载在 Keil 软件中已编译成功输出的 hex 文件	□
2	仿真运行,观察直流电动机控制是否正常	□
3	若直流电动机控制不正常,检查电路是否有误,修改后重新仿真运行。若电路无误,直流电动机控制还是不正常,则返回检查程序源代码是否正确,重新按步骤 1 仿真调试,直到直流电动机控制正常	□

展示与评价

一、成果展示

以小组为单位,从下面任务中抽签选择 1 个任务进行程序修改展示,听取并记录其他小组对本组展示内容的评价和改进建议。

1. 外部中断 0 开关控制直流电动机停止,外部中断 1 开关控制正转,主程序开关控制反转。

2. 外部中断 1 开关控制直流电动机停止,外部中断 0 开关控制正转,主程序开关控制反转。

3. 外部中断 0 开关控制直流电动机停止,外部中断 1 开关控制反转,主程序开关控制正转。

4. 外部中断 1 开关控制直流电动机停止，外部中断 0 开关控制反转，主程序开关控制正转。

二、任务评价

按表 5 - 1 - 6 所列项目进行自我评价、小组评价和教师评价，将结果填入表中。

表 5 - 1 - 6   **任务考核评分表**

评价项目	评价标准	配分（分）	自我评价	小组评价	教师评价
职业素养	安全意识、责任意识、服从意识强	5			
	积极参加教学活动，按时完成各项学习任务	5			
	团队合作意识强，善于与人交流和沟通	5			
	自觉遵守劳动纪律，尊敬师长，团结同学	5			
	爱护公物，节约材料，工作环境整洁	5			
专业能力	硬件电路绘制不正确，每错一处扣 3 分	15			
	指令格式应用错误，每错一处扣 3 分	15			
	程序编写不正确，每错一处扣 5 分	25			
	程序编译与仿真不符合任务要求，每项扣 5 分	20			
合计		100			
总评分	综合等级		教师（签名）		

注：学习任务评价采用自我评价、小组评价和教师评价三种方式，总评分 = 自我评价 ×20% + 小组评价 ×20% + 教师评价 ×60%，评价等级分为 A（90～100）、B（80～89）、C（70～79）、D（60～69）、E（0～59）五个等级。

复习巩固

一、填空题

1. MCS - 51 系列单片机有_____个中断源。

2. MCS - 51 系列单片机的 IE 寄存器的名称为_____。

3. 0003H 是_____中断的中断入口地址。

二、选择题

1. 外部中断 1 的中断入口地址为（   ）。

A. 0003H   B. 000BH   C. 0013H   D. 001BH

2. 外部中断 0 的中断号为（   ）。

A. 0   B. 1   C. 2   D. 3

3. IE 寄存器外部中断 0 的控制位为（   ）。

A. EA   B. EX0   C. EX1   D. ES

三、判断题

1. MCS - 51 系列单片机有 4 个外部中断。   （   ）

2. MCS - 51 系列单片机各中断的中断允许控制通过 IE 寄存器实现。 （   ）

3. MCS - 51 系列单片机有 1 个定时器中断。   （   ）

四、简答题

简述 MCS – 51 系列单片机的中断过程。

五、编程题

试编写一个程序，实现按键控制 LED 灯亮灭，要求用外部中断 1 实现，当按键按下时，下降沿触发中断，在中断服务函数中控制 LED 灯亮灭。

项目六　　　　定时/计数器应用

任务1　提示音发生器设计

　　本任务是设计一个提示音发生器，实现 1 kHz 提示音功能。要求选用合适的单片机和蜂鸣器，用单片机开发软件绘制提示音发生器电路图，提交编写源代码，并用软件及开发板进行仿真。在规定时间内完成任务并提交审核。

资讯学习

　　为了更好地完成任务，请查阅教材或相关资料，小组成员讨论后回答以下问题。

　　1. 定时/计数器结构

　　(1) MCS – 51 系列单片机一般内部包含有两个_____位定时/计数器 T0 和 T1，分别由两个独立的_____专用寄存器组成。

　　(2) T0 由高 8 位_____、低 8 位_____寄存器组成，T1 由高 8 位_____、低 8 位_____寄存器组成。

　　2. 定时/计数器控制

　　(1) TR0 = 0 表示定时/计数器_____（0 或 1）_____（启动/停止）定时/计数控制。

　　(2) TR0 = 1 表示定时/计数器_____（0 或 1）_____（启动/停止）定时/计数控制。

　　(3) ET0 = 0 表示定时/计数器_____（0 或 1）_____（允许/停止）中断。

　　(4) ET1 = 0 表示定时/计数器_____（0 或 1）_____（允许/停止）中断。

3. 定时/计数器工作方式

根据说明在表 6 – 1 – 1 中填写 M1、M0 值。

表 6 – 1 – 1　　　　　　　定时/计数器工作方式选择

M1	M0	工作方式	说明
		方式 0	13 位定时/计数器
		方式 1	16 位定时/计数器
		方式 2	8 位自动重装初值的定时/计数器
		方式 3	T0 分成两个独立的 8 位定时/计数器，T1 停止计数

4. 定时/计数器寄存器的初始化步骤

（1）根据需要确定定时/计数器是定时器模式还是计数器模式，将相应的值写入 _____ 寄存器中。

（2）设定 TH0、TL0 或 TH1、TL1 计数 _____ 值。

（3）允许定时器中断 _____ 或 _____。

（4）允许总中断 _____。

（5）启动定时/计数器开始 _____，设定 TCON 控制寄存器将 TR0 或 TR1 置 "_____"。

📖 **任务准备**

根据任务要求进行工位自检，并将结果记录在表 6 – 1 – 2 中。

表 6 – 1 – 2　　　　　　　工位自检表

姓名		学号	
自检项目			记录
检查工位桌椅是否正常			是□　否□
检查工位计算机能否正常开机			能□　否□
检查工位键盘、鼠标是否完好			是□　否□
检查计算机软件 Keil、Proteus 能否正常使用			能□　否□
检查计算机互联网是否可用			是□　否□
检查是否有开发板等实物			是□　否□

💻 **任务实施**

1. 设计提示音发生器电路

根据任务描述，小组成员讨论如何设计提示音发生器电路，在下面方框中绘制提示音发生器电路图。

提示：提示音发生器电路需要电源、三极管、限流电阻、蜂鸣器和单片机。

2. 用 Proteus 绘制提示音发生器电路图

根据表 6 – 1 – 3 的提示完成提示音发生器电路绘制，每完成一步在相应的步骤后面打“√”。

表 6 – 1 – 3　　操作流程表

步骤	操作说明	是否完成
1	在 Proteus 软件中新建文件，选择并放置 MCS – 51 系列单片机、蜂鸣器（型号________）、驱动电路选择： □驱动芯片（型号________） □直接驱动 □其他元器件（________）	□
2	按绘制的提示音发生器电路图连接好线路，电气检查无误后，保存文件并退出 Proteus 软件	□

3. 程序编写

（1）小组讨论如何编写提示音发生器程序流程图，并根据提示将图 6 – 1 – 1 所示程序流程图补充完整。

提示：根据提示音发生器电路，若要单片机控制扬声器产生提示音，只需要单片机 I/O 口输出 1 kHz 方波信号即可。因此，编程时先要对单片机的定时器 T0 或 T1 进行初始化，然后开启定时器，当到定时时间后，进入中断服务函数，并将单片机 I/O 口的电平状态进行翻转，即可产生方波信号，进而驱动扬声器产生提示音。

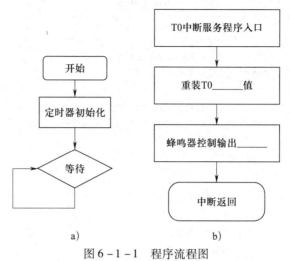

图 6 - 1 - 1 程序流程图

a）主程序流程图 b）T0 中断服务程序流程图

（2）编写程序

根据图 6 - 1 - 1 程序流程图，编写提示音发生器程序，并在下划线处补齐参考程序中的代码或注释。

```
ORG0000H
        LJMP MAIN
        ORG _____          ;定时器 0 中断入口地址
        LJMP  TIMER0
        ORG  0030H
MAIN:   MOV SP, #5FH          ;主程序,修改堆栈指针 SP 地址
        MOV _____      ;设置 T0 为工作于方式 1,定时功能
        MOV _____      ;设置定时器 T0 定时 500 us 高 8 位初始值
        MOV _____      ;设置定时器 T0 定时 500 us 低 8 位初始值
        _____          ;开启定时器 T0 中断
        _____          ;开启总中断
        _____          ;启动定时器 T0,开始定时计数
        SJMP  $               ;自循环,等待
TIMER0:                       ;定时器 T0 中断服务程序
        MOV _____      ;重装定时器 T0 高 8 位初始值
        MOV _____      ;重装定时器 T0 低 8 位初始值
        _____          ;蜂鸣器控制输出
RETI                          ;_____
END
```

4. 编译程序

根据表 6 - 1 - 4 的提示完成程序的编译，每完成一步在相应的步骤后面打"√"。

表 6 - 1 - 4   操作流程表

步骤	操作说明	是否完成
1	启动 Keil 软件，新建 1 个工程文件和 asm 文本文件，输入源程序代码，保存输入源代码文件，将该文本文件加入到新建的工程文件	☐
2	设置目标文件属性，运行编译，观察编译输出窗口提示，分析错误或警告出现的原因。按出现错误类型，在问题类型的框图中打"√"，若是其他问题类型，请填写清楚出现的问题 问题类型 "O" 与 "0" 不分　☐ 字母 "I" 与数字 "1" 不分　☐ 字母大小写不分　☐ 符号写错、写漏　☐ 括号写错、写漏　☐ 变量名、函数名前后不一致　☐ 其他：　☐	☐

5. 仿真调试

根据表 6 - 1 - 5 的提示完成仿真调试，每完成一步在相应的步骤后面打"√"。

表 6 - 1 - 5   操作流程表

步骤	操作说明	是否完成
1	打开已绘制保存的 Proteus 文档，双击电路图中的单片机，加载在 Keil 软件中已编译成功输出的 hex 文件	☐
2	仿真运行，用虚拟示波器测试提示音波形、蜂鸣器发声是否正常	☐
3	若波形及发声不正常，检查电路是否有误，修改后重新仿真运行。若电路无误，波形及发声还是不正常，则返回检查程序源代码是否正确，重新按步骤 1 仿真调试，直到波形及发声正常	☐

6. 开发板调试（选做）

按项目三任务 1 开发板调试步骤操作说明完成调试。

展示与评价

一、成果展示

以小组为单位，从下面任务中抽签选择 1 个任务进行程序修改展示，听取并记录其他小组对本组展示内容的评价和改进建议。

1. 提示音设定为 500 Hz 发声。

2. 提示音设定为 2 kHz 发声。

二、任务评价

按表6-1-6所列项目进行自我评价、小组评价和教师评价，将结果填入表中。

表6-1-6　　　　　　　　　　　　任务考核评分表

评价项目	评价标准	配分（分）	自我评价	小组评价	教师评价
职业素养	安全意识、责任意识、服从意识强	5			
	积极参加教学活动，按时完成各项学习任务	5			
	团队合作意识强，善于与人交流和沟通	5			
	自觉遵守劳动纪律，尊敬师长，团结同学	5			
	爱护公物，节约材料，工作环境整洁	5			
专业能力	硬件电路绘制不正确，每错一处扣3分	15			
	指令格式应用错误，每错一处扣3分	15			
	程序编写不正确，每错一处扣5分	25			
	程序编译与仿真不符合任务要求，每项扣5分	20			
合计		100			
总评分		综合等级		教师（签名）	

注：学习任务评价采用自我评价、小组评价和教师评价三种方式，总评分 = 自我评价×20% + 小组评价×20% + 教师评价×60%，评价等级分为 A（90～100）、B（80～89）、C（70～79）、D（60～69）、E（0～59）五个等级。

📝 复习巩固

一、填空题

1. MCS－51 系列单片机有_____个定时/计数器。

2. 000BH 是_____中断的中断入口地址。

二、选择题

1. 定时控制寄存器为（　　　）。

A. TCON　　　　　　B. TMOD　　　　　　C. TH0　　　　　　D. TL0

2. MCS－51 系列单片机的定时/计数器有（　　　）种模式。

A. 2　　　　　　　B. 3　　　　　　　C. 4　　　　　　　D. 5

3. TH0 为定时器（　　　）的高 8 位初值寄存器。

A. T0　　　　　　　B. T1　　　　　　　C. T2　　　　　　　D. T3

4. 定时器 T1 的中断入口地址为（　　　）。

A. 0003H　　　　　B. 000BH　　　　　C. 0013H　　　　　D. 001BH

5. 若要设置 T0 为定时功能，工作方式为 1，正确的指令语句为（　　　）。

A. MOV TMOD, #00H　　　　　　B. MOV TMOD, #01H

C. MOV TCON, #00H　　　　　　D. MOV TCON, #01H

三、判断题

1. MCS－51 系列单片机有 3 个定时器中断。　　　　　　　　　　　　　　　　（　　　）

2. 定时器 1 的工作方式 3 为 8 位自动重装初值的定时/计数器。　　　　　(　　)

3. TR1 用于控制定时器 T0 的启动或停止。　　　　　　　　　　　　　(　　)

4. ET0 主要控制定时器 T0 是否允许进入中断。　　　　　　　　　　　(　　)

5. MCS－51 系列单片机定时器 T0 有 2 种定时方式。　　　　　　　　　(　　)

6. MCS－51 系列单片机定时器 T1 中断的中断号为 000 BH。　　　　　　(　　)

四、简答题

若将 T0 设定为定时器，工作方式 1，定时设定为 50 ms，此时定时器 T0 的初值应设定为多少？

五、编程题

试编写设置定时器 T0 工作方式 2，在单片机 P1.1 引脚上产生 100 Hz 的方波信号的程序。

任务2　倒数计时器设计

明确任务

本任务要设计一个以秒为单位的倒数计时器，从 10 s 开始计时，一直到 0，并在数码管上显示，要求绘制单片机控制倒数计时器电路图，提交编写的源代码，并用软件及开发板进行仿真，在规定时间内完成任务并提交审核。

资讯学习

为了更好地完成任务，请查阅教材或相关资料，小组成员讨论后回答以下问题。

1. 定时/计数器 T0 溢出标志位是＿＿＿＿＿＿＿＿，标志位为＿＿＿＿（0 或 1）时表示定时/计数器计满溢出。T1 溢出标志位是＿＿＿＿＿＿＿。

2. 编写程序时可以通过＿＿＿＿溢出标志位判断是否溢出，每次计满溢出后需要用软件使溢出标志位＿＿＿＿＿＿，等待下一次溢出。

任务准备

根据任务要求进行工位自检，并将结果记录在表6-2-1中。

表6-2-1　　　　　　　　　　　　　　工位自检表

姓名		学号	
自检项目			记录
检查工位桌椅是否正常			是□　否□
检查工位计算机能否正常开机			能□　否□
检查工位键盘、鼠标是否完好			是□　否□
检查计算机软件Keil、Proteus能否正常使用			能□　否□
检查计算机互联网是否可用			是□　否□
检查是否有开发板等实物			是□　否□

任务实施

1. 设计倒数计时器电路

根据任务描述，小组成员讨论如何设计倒数计时器电路，在下面方框中绘制倒数计时器电路图。

提示：倒数计数器电路需要数码管、锁存器和单片机等。本任务倒计时时间在百秒内，可采用两位数码管作为显示器件。可以设置2个开关作为开始倒计时和停止计时，分别连接到MCS-51系列单片机的外部中断口INT0和INT1，用外部中断方式控制倒数计时器的启动和停止。

2. 用 Proteus 绘制倒数计时器电路图

根据表 6 - 2 - 2 的提示完成倒数计时器电路绘制，每完成一步在相应的步骤后面打"√"。

表 6 - 2 - 2　　　　　　　　　　　　操作流程表

步骤	操作说明	是否完成
1	在 Proteus 软件中新建文件	□
2	按项目二任务 1 绘制电路图的步骤操作说明完成倒数计时器电路的绘制并保存	□

3. 程序编写

（1）小组成员讨论如何编写倒数计时器主程序流程图，并根据提示将图 6 - 2 - 1 所示主程序流程图补充完整。

提示：根据倒数计时器电路，本任务可以采用定时器查询溢出标志位方式实现倒数计时器功能，首先对单片机定时器进行初始化并设置为 50 ms 定时，然后启动定时器，当 50 ms 定时时间到则产生溢出标志，通过查询方式计数加 1，连续溢出 20 次则表示 1 s 时间到，此时倒计时数值减 1 并将倒计时数值送数码管显示电路显示。

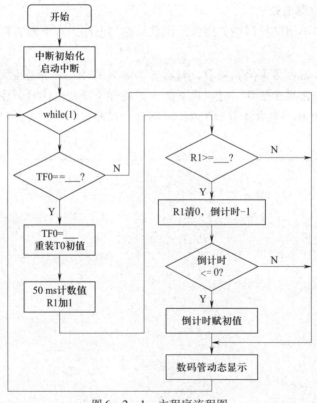

图 6 - 2 - 1　主程序流程图

（2）编写程序

根据图 6 - 2 - 1 程序流程图，编写倒数计时器程序，并在下划线处补齐参考程序中的代码或注释。

```
        ORG  0000H
        LJMP MAIN
        ORG  0003H
        LJMP Int0Pro
        ORG  0013H
        LJMP Int1Pro
        ORG  0030H
MAIN:   SETB _____          ;开启总中断
        SETB _____          ;开启外部中断0
        SETB _____          ;设置外部中断0为下降沿触发
        SETB _____          ;开启外部中断1
        SETB _____          ;设置外部中断1为下降沿触发
        MOV SP,#5FH
        MOV R7,_____        ;R7赋值倒数计时初值,初值为_____
LOOP:   _____ TF0,DISPLAY   ;判断TF0是否为1,不是则跳转到DISPLAY
        _____ TF0           ;当TF为1,则50 ms时间到,清除溢出标志位TF0
        INC R1                 ;R1减1,倒数计时减1 s
        CJNZ R1,#_____,NEXT1  ;判断是否到定时1 s,不是跳转到NEXT1
        MOV R1,#0             ;定时1 s时间到,R1重赋初值0
        CJNE  R7,#0,NEXT2     ;_____
        MOV R7,#0            ;倒数计时到0,则R7重新赋值为0
        _____     ;关闭定时器T0,停止定时计数
        AJMP LOOP            ;跳转LOOP等待
NEXT2:  DEC R7              ;_____
NEXT1:  MOV TH0,_____   ;重装定时器T0定时50 ms高8位初值
        MOV TL0,_____   ;重装定时器T0定时50 ms低8位初值
        AJMP   LOOP
DISPLAY:......              ;数码管动态显示,程序略
/***外部中断0中断函数,启动倒数计时器*********/
Int0 Pro:
        MOV TMOD,_____  ;设置定时器T0为工作方式1,定时功能
        MOV TH0,_____   ;装载定时器T0定时50 ms高8位初值,
        MOV TL0,_____   ;装载定时器T0定时50 ms低8位初值,
        MOV R7,_____  ;R7存放倒数计数初值,初值为_____
        MOV R1,#0           ;R1存放1s定时器溢出次数,初值为0
        _____          ;启动定时器T0,开始计数
        RETI
/***外部中断1中断函数,停止倒数计时器*********/
Int1Pro:
```

```
                            ;关闭定时器 T0,停止定时计数
MOV R7,#0                   ;_____
RETI
END
```

4. 编译程序

根据表 6-2-3 的提示完成程序的编译，每完成一步在相应的步骤后面打"√"。

表 6-2-3 操作流程表

步骤	操作说明	是否完成
1	启动 Keil 软件，新建 1 个工程文件和 asm 文本文件，输入源程序代码，保存输入源代码文件，将该文本文件加入到新建的工程文件	☐
2	设置目标文件属性，运行编译，观察编译输出窗口提示，分析错误或警告出现的原因。按出现错误类型，在问题类型的框图中打"√"，若是其他问题类型，请填写清楚出现的问题 **问题类型** "O"与"0"不分　☐ 字母"I"与数字"1"不分　☐ 字母大小写不分　☐ 符号写错、写漏　☐ 括号写错、写漏　☐ 变量名、函数名前后不一致　☐ 其他：　☐	☐

5. 仿真调试

根据表 6-2-4 的提示完成仿真调试，每完成一步在相应的步骤后面打"√"。

表 6-2-4 操作流程表

步骤	操作说明	是否完成
1	打开已绘制保存的 Proteus 文档，双击电路图中的单片机，加载在 Keil 软件中已编译成功输出的 hex 文件	☐
2	仿真运行，观察倒数计时器运行是否正常	☐
3	若倒数计时器运行不正常，检查电路是否有误，修改后重新仿真运行。若电路无误，倒数计时器运行还是不正常，则返回检查程序源代码是否正确，重新按步骤 1 仿真调试，直到倒数计时器运行正常	☐

6. 开发板调试（选做）

按项目三任务 1 开发板调试步骤操作说明完成调试。

展示与评价

一、成果展示

以小组为单位，从下面任务中抽签选择 1 个任务进行程序修改展示，听取并记录其他小组对本组展示内容的评价和改进建议。

1. 从 20 s 开始计倒计时，一直到 10 s。

2. 从 0 s 开始计时，一直到 10 s。

3. 从 10 s 开始计时，一直到 20 s。

二、任务评价

先按表 6 - 2 - 5 所列项目进行自我评价、小组评价和教师评价，将结果填入表中。

表 6 - 2 - 5　　　　　　　　　　任务考核评分表

评价项目	评价标准	配分（分）	自我评价	小组评价	教师评价
职业素养	安全意识、责任意识、服从意识强	5			
	积极参加教学活动，按时完成各项学习任务	5			
	团队合作意识强，善于与人交流和沟通	5			
	自觉遵守劳动纪律，尊敬师长，团结同学	5			
	爱护公物，节约材料，工作环境整洁	5			
专业能力	硬件电路绘制不正确，每错一处扣 3 分	15			
	指令格式应用错误，每错一处扣 3 分	15			
	程序编写不正确，每错一处扣 5 分	25			
	程序编译与仿真不符合任务要求，每项扣 5 分	20			
合计		100			
总评分		综合等级		教师（签名）	

注：学习任务评价采用自我评价、小组评价和教师评价三种方式，总评分 = 自我评价×20% + 小组评价×20% + 教师评价×60%，评价等级分为 A（90~100）、B（80~89）、C（70~79）、D（60~69）、E（0~59）五个等级。

复习巩固

一、简答题

定时/计数器查询控制和中断控制的区别是什么？各有什么优缺点。

二、编程题

试采用定时器查询溢出标志位方式编写产生 1 kHz 方波信号输出程序。

任务3　生产线自动打包控制器设计

明确任务

　　在一条工业生产线上，零件通过一个装有光电传感器的传送带传送，每当零件通过传感器时，传感器向单片机发出一个脉冲信号，自动计数 1 个零件。本任务是设计一个生产线自动打包控制器，每通过 24 个零件，生产线自动将 24 个零件打包，打包控制时间 0.1 s。要求选用合适的单片机和打包机，用单片机开发软件绘制单片机控制生产线自动打包控制器的电路图，提交编写源代码，并用软件进行仿真。在规定时间内完成任务并提交审核。

资讯学习

为了更好地完成任务，请查阅教材或相关资料，小组成员讨论后回答以下问题。

1. 当定时/计数器工作在计数状态时，MCS - 51 系列单片机对来自_____或_____引脚的输入脉冲信号进行计数。

2. 当设置在计数器工作状态时，每当外部输入的脉冲发生_____时，计数器加 1。直到计数器加满溢出，向 CPU 申请中断，依次重复。

3. 计数器 0 工作在方式 1，初值设置为 0，在 1 s 时间内计数脉冲溢出了 5 次，最后停止计数时，TH0 值为 03H，TL0 为 55H，则此时计数脉冲数值为：_____。

任务准备

根据任务要求进行工位自检，并将结果记录在表 6 - 3 - 1 中。

表 6 – 3 – 1　　　　　　　　　　　　　工位自检表

姓名		学号	
自检项目			记录
检查工位桌椅是否正常			是□　否□
检查工位计算机能否正常开机			能□　否□
检查工位键盘、鼠标是否完好			是□　否□
检查计算机软件 Keil、Proteus 能否正常使用			能□　否□
检查计算机互联网是否可用			是□　否□
检查是否有开发板等实物			是□　否□

任务实施

1. 设计生产线自动打包控制器电路

根据任务描述，小组成员讨论如何设计生产线自动打包控制器模拟电路，在下面方框中绘制生产线自动打包控制器电路。

提示：零件检测计数信号可以用按键开关模拟产生计数脉冲，通过定时/计数器 T0 的外部信号输入引脚进行计数。用单片机引脚接 LED 灯，当计满 24 个零件数后点亮 LED 灯一段时间，表示正在进行打包处理。

2. 用 Proteus 绘制生产线自动打包控制器电路图

根据表 6 - 3 - 2 的提示完成生产线自动打包控制电路绘制，每完成一步在相应的步骤后面打"√"。

表 6 - 3 - 2 操作流程表

步骤	操作说明	是否完成
1	在 Proteus 软件中新建文件	☐
2	按项目二任务 1 绘制电路图的步骤操作说明完成生产线自动打包控制电路的绘制并保存	☐

3. 程序编写

（1）小组成员讨论如何编写生产线自动打包控制程序流程图，并根据提示将图 6 - 3 - 1 所示程序流程图补充完整。

提示：本任务通过 T0 对单片机外部 T0（P3.4）引脚脉冲计数。T0 为计数器模式，选择工作方式 2。程序设计包括按键开关计数程序、模拟打包控制信号程序等组成。T0 计数器初始值设定为 24，即每隔计数 1 个脉冲产生中断，计满 24 个数后不再计数，LED 灯端口引脚（如 P1.0）输出低电平点亮 LED 灯一段时间模拟打包控制信号，表示对 24 个零件进行打包处理。

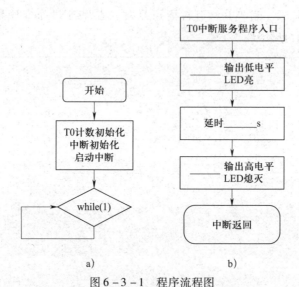

图 6 - 3 - 1 程序流程图

a）主程序流程图 b）中断服务程序流程图

（2）编写程序

根据图 6 - 3 - 1 所示程序流程图，编写生产线自动打包控制程序，并在下划线处补齐参考程序中的代码或注释。

```
ORG  0000H
LJMP MAIN
ORG  000BH              ;T0 中断入口地址
```

```
            LJMP TIME0
MAIN:   MOV TMOD,#_____    ;设置 T0 为工作方式 2,计数功能,自动重装
        MOV TH0,#_____     ;装载计数器 T0 计满 24 个数的 TH0 初值
        MOV TL0,#_____     ;装载计数器 T0 计满 24 个数的 TH0 初值
        SETB  EA
        SETB  ET0                 ;_____
        SETB _____         ;设置打包控制信号初始状态,LED 灯熄灭
        _____ TR0          ;启动 T0 计数
        JMP  $
TIME0:                            ;_____
        _____
LCALL DELAY1ms                    ;延时 0.1 s
        _____              ;包控制信号无效,停止打包,LED 灯熄灭
        RETI                      ;中断返回
DELAY1ms:......                   ;1 ms 延时子程序入口,程序略
        END
```

4. 编译程序

根据表 6 - 3 - 3 的提示完成程序的编译,每完成一步在相应的步骤后面打 "√"。

表 6 - 3 - 3   操作流程表

步骤	操作说明	是否完成
1	启动 Keil 软件,新建 1 个工程文件和 asm 文本文件,输入源程序代码,保存输入源代码文件,将该文本文件加入到新建的工程文件	☐
2	设置目标文件属性,运行编译,观察编译输出窗口提示,分析错误或警告出现的原因。按出现错误类型,在问题类型的框图中打 "√",若是其他问题类型,请填写清楚出现的问题 问题类型 "O" 与 "0" 不分 ☐ 字母 "I" 与数字 "1" 不分 ☐ 字母大小写不分 ☐ 符号写错、写漏 ☐ 括号写错、写漏 ☐ 变量名、函数名前后不一致 ☐ 其他: ☐	☐

5. 仿真调试

根据表 6 - 3 - 4 的提示完成仿真调试,每完成一步在相应的步骤后面打 "√"。

表 6 - 3 - 4   操作流程表

步骤	操作说明	是否完成
1	打开已绘制保存的 Proteus 文档，双击电路图中的单片机，加载在 Keil 软件中已编译成功输出的 hex 文件	□
2	仿真运行，观察生产线自动打包控制运行是否正常	□
3	若生产线自动打包控制运行不正常，检查电路是否有误，修改后重新仿真运行。若电路无误，生产线自动打包控制运行还是不正常，则返回检查程序源代码是否正确，重新按步骤 1 仿真调试，直到生产线自动打包控制运行正常	□

6. 开发板调试（选做）

按项目三任务 1 开发板调试步骤操作说明完成调试。

展示与评价

一、成果展示

以小组为单位，从下面任务中抽签选择 1 个任务进行程序修改展示，听取并记录其他小组对本组展示内容的评价和改进建议。

1. 计满 50 个零件数进行打包。

2. 打包控制信号处理时长为 0.5 s。

3. 打包控制信号处理时长为 1 s。

二、任务评价

按表 6 - 3 - 5 所列项目进行自我评价、小组评价和教师评价，将结果填入表中。

表 6 - 3 - 5   任务考核评分表

评价项目	评价标准	配分（分）	自我评价	小组评价	教师评价
职业素养	安全意识、责任意识、服从意识强	5			
	积极参加教学活动，按时完成各项学习任务	5			
	团队合作意识强，善于与人交流和沟通	5			
	自觉遵守劳动纪律，尊敬师长，团结同学	5			
	爱护公物，节约材料，工作环境整洁	5			
专业能力	硬件电路绘制不正确，每错一处扣 3 分	15			
	指令格式应用错误，每错一处扣 3 分	15			
	程序编写不正确，每错一处扣 5 分	25			
	程序编译与仿真不符合任务要求，每项扣 5 分	20			
合计		100			
总评分		综合等级		教师（签名）	

注：学习任务评价采用自我评价、小组评价和教师评价三种方式，总评分 = 自我评价 ×20% + 小组评价 ×20% + 教师评价 ×60%，评价等级分为 A（90～100）、B（80～89）、C（70～79）、D（60～69）、E（0～59）五个等级。

复习巩固

一、填空题

1. 由于单片机确认一次负跳变需要用两个机器周期，单片机最大的计数的频率值是时钟信号的_____。

2. 计数器 T0、T1 工作于方式 1 时，其计数最大值为_____。

二、选择题

若要设置 T0 为计数功能，工作方式为 1，正确的指令语句为（　　）。

A. MOV TMOD，#15H　　　　　　B. MOV TMOD，#51H

C. MOV TCON，#15H　　　　　　D. MOV TCON，#51H

三、编程题

试编写用单片机 T1（P3.5）对外输入秒脉冲信号进行计数程序，要求计数按键按下时开始计数，当计满 100 个秒脉冲时，停止计数并点亮 P1.0 引脚所接 LED 灯，再次按下计数按键时重新开始计数。

项目七 **串口通信应用**

任务 **双机通信设计**

明确任务

　　工业自动化过程中的实时控制和数据处理得到广泛应用。本任务要求设计一个单片机双机通信的任务，要求用一块单片机上的按键控制另一块单片机上的 LED 灯亮灭。要求选用合适的单片机、按键和 LED 灯，要求绘制单片机控制单片机的电路图，提交编写的源代码，并用软件进行仿真。在规定时间内完成任务并提交审核。

资讯学习

　　为了更好地完成任务，请查阅教材或相关资料，小组成员讨论后回答以下问题。

1. 串行通信的数据传输方式有_____、_____和_____三种。

2. 图 7-1-1 是串行异步通信的字符帧格式，请认读格式并完成填写。

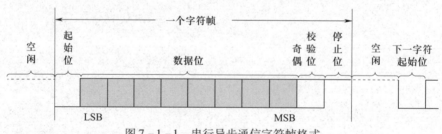

图 7-1-1　串行异步通信字符帧格式

（1）串行异步通信一个字符帧一般_____位，由_____、_____、_____、_____ 4 部分组成。

（2）_____紧跟起始位之后，一般为_____位。

3. 波特率（baud rate）是指_____，单位为波

特（baud）。

4. 根据表 7 – 1 – 1 中所列功能说明，将表格内容补充完整。

表 7 – 1 – 1　　　　　　　　　　　　串行口工作方式

SM0	SM1	工作方式	功能说明
			同步移位寄存器方式（通常用于扩展 I/O 口），波特率固定
			10 位异步收发（8 位数据），波特率可变（由定时器 T1 的溢出率控制）
			11 位异步收发（9 位数据），波特率固定
			11 位异步收发（9 位数据），波特率可变（由定时器 T1 的溢出率控制）

5. UART 使用步骤

（1）设置_____工作模式。

（2）根据波特率计算公式设置波特率（方式 0 除外）。

（3）判断波特率是否需要倍速（方式 0 除外）。

（4）串口_____。

（5）向_____写入数据启动串口发送，读_____可以取出接收到的数据。

任务准备

根据任务要求进行工位自检，并将结果记录在表 7 – 1 – 2 中。

表 7 – 1 – 2　　　　　　　　　　　　工位自检表

姓名		学号	
自检项目			记录
检查工位桌椅是否正常			是□　否□
检查工位计算机能否正常开机			能□　否□
检查工位键盘、鼠标是否完好			是□　否□
检查计算机软件 Keil、Proteus 能否正常使用			能□　否□
检查计算机互联网是否可用			是□　否□
检查是否有开发板等实物			是□　否□

任务实施

1. 设计双机通信电路

根据任务描述，小组成员讨论如何设计双机通信电路，在下面方框中绘制双机通信电路。

提示：接收单片机 U1（从机）接 8 盏 LED 灯，发送单片机 U2（主机）接 2 个开关，通过发送单片机上的开关控制接收单片机上灯的亮灭。接收单片机 U1 的 P3.0/RXD 引脚接发送单片机 U2 的 P3.1/TXD 引脚，接收单片机 U1 的 P3.1/TXD 引脚接发送单片机 U2 的 P3.0/RXD 引脚。

2. 用 Proteus 绘制双机通信电路图

根据表 7 - 1 - 3 的提示完成双机串行通信电路绘制，每完成一步在相应的步骤后面打"√"。

表 7 - 1 - 3　　　　　　　　　　　　　操作流程表

步骤	操作说明	是否完成
1	在 Proteus 软件中新建文件，选择并放置 2 个 MCS - 51 系列单片机，主机标号为_____，从机标号为_____	☐
2	按项目二任务 1 绘制电路图的步骤操作说明完成双机串行通信电路的绘制并保存	☐

3. 程序编写

（1）小组成员讨论如何编写双机串行通信程序流程图，并根据提示将图 7 - 1 - 2 和图 7 - 1 - 3 所示程序流程图补充完整。

提示：根据双机通信电路，若要实现用一块单片机上的按键控制另一块单片机上 LED 灯的亮灭，则两块单片机都要进行串口初始化，并保持波特率一致，主机单片机通过串口发送按键数据，从机通过串口接收按键数据，从而控制 LED 灯亮灭。

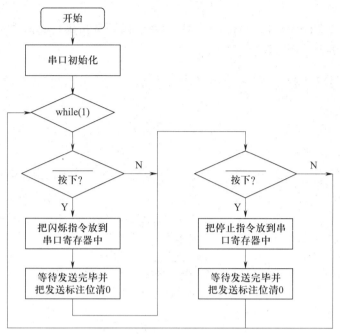

图7-1-2 主机程序流程图

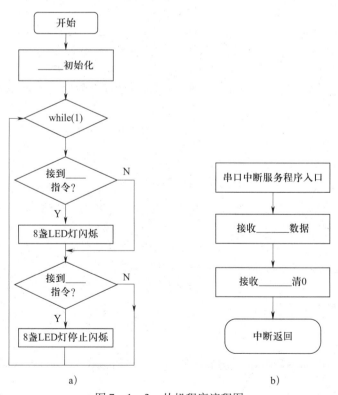

图7-1-3 从机程序流程图

a) 主程序流程图 b) 串口中断服务程序流程图

（2）编写程序

根据图 7 – 1 – 2 和图 7 – 1 – 3 所示程序流程图，编写双机串行通信主从机程序，并在下划线处补齐参考程序中的代码或注释。

```
; ************************* 主机单片机参考程序 *****************************
        SHAN BIT _____      ;_____,定义发送闪烁指令按键名为 SHAN
        STOP BIT _____      ;_____,定义发送熄灭按键名为 STOP
        ORG  0000H
        JMP START
START:  MOV TMOD, #_____   ;设置 T1 为工作方式 2,定时功能,自动重装
        MOV TH1, #_____    ;装载串口波特率为 9600,定时器 T1 初值
        MOV TL1, #_____    ;装载串口波特率为 9600,定时器 T1 初值
        MOV SCON,#_____    ;设置串口为工作方式 1,REN 置 1,允许接收
        MOV PCON,#00H           ;_____
        SETB EA                 ;开启总中断
        _____              ;开启串行口中断
        SETB TR1                ;_____
        _____              ;清零发送中断标志位
STA:    JB SHAN,STO             ;判断_____是否按下,否则跳转至 STO
        LCALL DELAY             ;延时 10 ms,消抖
        JB SEND,STO             ;再次判断_____是否按下,否则跳转至 STO
        MOV A, #01H             ;将闪烁指令的控制数据 01H 送 A
        JNB SEND, $             ;_____
        MOV _____,A        ;发送闪烁指令数据送到串口寄存器中,发送数据
        JNB _____, $       ;等待数据发送完毕
        CLR _____          ;数据发送完毕后,清零发送中断标志位
STO:    JB STOP, STA            ;判断_____是否按下,否则跳转至 STA
        LCALL DELAY
        JB STOP, STA            ;再次判断_____是否按下,否则跳转至 STA
        MOV A, #02H             ;将熄灭指令的控制数据 02H 送 A
        JNB STOP, $
        MOV _____,A        ;发送闪烁指令数据送到串口寄存器中,发送数据
        JNB _____, $       ;等待数据发送完毕
        CLR _____          ;数据发送完毕后,清零发送中断标志位
        JMP STA                 ;跳转至 STA 标号处
DELAY:......                    ;延时 10 ms 子程序,程序略
END
; ************************* 从机单片机参考程序 *****************************
        ORG 0000H
        JMP START
        ORG _____          ;串口中断入口地址
```

```
          LJMP UART                        ;跳转至串行口中断标号
          ORG  0030H
START: MOV   TMOD, #_____           ;设置 T1 为工作方式 2,定时功能,自动重装
       MOV   TH1, #_____           ;装载串口波特率为 9600,定时器 T1 初值
       MOV   TL1, #_____           ;装载串口波特率为 9600,定时器 T1 初值
       MOV   SCON, #_ _____          ;设置串口为工作方式 1,REN 置 1,允许接收
       MOV   PCON, #00H
       SETB  EA                          ;开启总中断
       _____                    ;开启串行口中断
       SETB  TR1                         ;_____
       _____                    ;清零发送中断标志位
       _____                    ;清零接收中断标志位
LOOP:  MOV R1,#00H                       ;将接收数据 R1 清零
STA:   CJNE R1,#_____,STO             ;若 R1 数据不是闪烁指令数据,则跳转至 STO
       MOV _____,#00H                 ;是闪烁指令数据,则 LED 灯全亮
       LCALL DELAY                       ;延时 300 ms
       MOV _____,#0FFH                ;LED 灯全灭
       LCALL DELAY                       ;延时 300 ms
       LJMP STA
STO:   CJNE R1,#_____,STA             ;若 R1 数据不是熄灭指令,则跳转至 STA
       MOV _____,#0FFH                ;是熄灭指令数据,则 LED 灯全灭
       LJMP STO                          ;跳转至 STO
DELAY: ......                            ;延时 300 ms 子程序,程序略
UART:  CLR _____                    ;关闭串行口中断
       MOV R1,_____                     ;将接收数据送 R1
       CLR _____                ;清零接收中断标志位
       SETB _____              ;开启串行口中断
       _____                    ;中断返回
       END
```

4. 编译程序

根据表 7-1-4 的提示完成程序的编译,每完成一步在相应的步骤后面打"√"。

表 7-1-4　　操作流程表

步骤	操作说明	是否完成
1	启动 Keil 软件,新建 1 个工程文件和 asm 文本文件,输入源程序代码,保存输入源代码文件,将该文本文件加入到新建的工程文件	□
2	设置目标文件属性,运行编译,观察编译输出窗口提示,分析错误或警告出现的原因。按出现错误类型,在问题类型的框图中打"√",若是其他问题类型,请填写清楚出现的问题	□

续表

步骤	操作说明	是否完成
2	**问题类型** "O"与"0"不分 □ 字母"I"与数字"1"不分 □ 字母大小写不分 □ 符号写错、写漏 □ 括号写错、写漏 □ 变量名、函数名前后不一致 □ 其他： □	□

5. 仿真调试

根据表 7 - 1 - 5 的提示完成仿真调试，每完成一步在相应的步骤后面打"√"。

表 7 - 1 - 5 　　　　　　　　　　　**操作流程表**

步骤	操作说明	是否完成
1	打开已绘制保存的 Proteus 文档，双击电路图中的单片机，加载在 Keil 软件中已编译成功输出的 hex 文件	□
2	仿真运行，观察双机串行通信运行是否正常	□
3	若双机串行通信运行不正常，检查电路是否有误，修改后重新仿真运行。若电路无误，双机串行通信运行还是不正常，则返回检查程序源代码是否正确，重新按步骤 1 仿真调试，直到双机串行通信运行正常	□

6. 开发板调试（选做）

两块开发板按串行通信连接，按项目三任务 1 开发板调试步骤操作说明完成调试。

展示与评价

一、成果展示

以小组为单位，从下面任务中抽签选择 1 个任务进行程序修改展示，听取并记录其他小组对本组展示内容的评价和改进建议。

1. 主机和从机波特率均设置为 7 200 Baud 进行串行通信。

2. 主机和从机波特率均设置为 14 400 Baud 进行串行通信。

二、任务评价

按表 7 - 1 - 6 所列项目进行自我评价、小组评价和教师评价，将结果填入表中。

表 7 - 1 - 6 　　　　　　　　　　　**任务考核评分表**

评价项目	评价标准	配分（分）	自我评价	小组评价	教师评价
职业素养	安全意识、责任意识、服从意识强	5			
	积极参加教学活动，按时完成各项学习任务	5			

续表

评价项目	评价标准	配分（分）	自我评价	小组评价	教师评价
职业素养	团队合作意识强，善于与人交流和沟通	5			
	自觉遵守劳动纪律，尊敬师长，团结同学	5			
	爱护公物，节约材料，工作环境整洁	5			
专业能力	硬件电路绘制不正确，每错一处扣3分	15			
	指令格式应用错误，每错一处扣3分	15			
	程序编写不正确，每错一处扣5分	25			
	程序编译与仿真不符合任务要求，每项扣5分	20			
合计		100			
总评分		综合等级		教师（签名）	

注：学习任务评价采用自我评价、小组评价和教师评价三种方式，总评分 = 自我评价×20% + 小组评价×20% + 教师评价×60%，评价等级分为 A（90～100）、B（80～89）、C（70～79）、D（60～69）、E（0～59）五个等级。

复习巩固

一、填空题

1. 全双工通信是指_____。

2. MCS - 51 系列单片机串行口中断入口地址为_____。

二、选择题

1. MCS - 51 系列单片机串行口有（　　）种工作方式。

A. 2　　　　　　　　B. 3　　　　　　　　C. 4　　　　　　　　D. 5

2. （　　）是指每秒钟传送信号的数量。

A. 溢出率　　　　　B. 波特率　　　　　C. 速率　　　　　　D. 加速度

3. （　　）通信是指数据可以同时进行双向传输。

A. 单工　　　　　　B. 半双工　　　　　C. 全双工　　　　　D. 以上都不对

4. 串行口中断的中断号为（　　）。

A. 1　　　　　　　　B. 2　　　　　　　　C. 3　　　　　　　　D. 4

5. （　　）为串行口控制寄存器。

A. SCON　　　　　　B. TMOD　　　　　　C. PCON　　　　　　D. TCON

三、判断题

1. UART 为通用异步接收器/发送器。　　　　　　　　　　　　（　　）

2. PCON 中的 SMOD 位与串行口通信波特率有关。　　　　　　（　　）

3. MCS - 51 系列单片机的串行口中断入口地址为0013H。　　　（　　）

4. 按数据传送的方式，串行通信方式分为单工、半双工和全双工三种。（　　）

5. SBUF 是串口缓冲寄存器。　　　　　　　　　　　　　　　　（　　）

四、简答题

若晶振频率为 11.059 2 MHz，串行口工作于方式 1，波特率为 4 800 Baud，写出用 T1 作为波特率发生器的工作方式和计数初值。

五、编程题

试编写通过串行口发送数据程序，要求串行口工作方式 1，波特率为 9 600 Baud，当按下发送按键时，发送数据 AAH。

单片机综合应用

任务1 篮球赛计分器设计与制作

明确任务

本任务是设计简易版篮球比赛计分系统，按篮球赛计分规则实现手动按键加减计分功能，数码管显示比分。要求选用合适的单片机、按键和数码管等器件，用单片机开发软件绘制篮球赛计分器的电路图，提交编写源代码。在完成仿真后，在万能板上安装篮球赛计分器电路并进行调试。在规定时间内完成任务并将制作完成的样品提交审核。

资讯学习

为了更好地完成任务，请查阅相关资料，小组成员讨论后回答以下问题。

篮球比赛计分规则，罚球得分计为_____分，两分区得分计为_____分，三分区得分计为_____分。

任务准备

1. 分组并制订工作计划

查阅相关资料，了解任务实施的基本步骤，结合实际情况，制定小组工作计划，见表8-1-1。

表8-1-1 工作计划表

任务名称	组员姓名	任务分工	备注
小组成员分工			组长

续表

任务名称	组员姓名	任务分工	备注
小组成员分工			
完成任务的方法与步骤			

2. 工具、设备器材清单

根据任务要求，以小组为单位领取工具、设备器材等，组员将领到的物品归纳分类并填写在表8－1－2后，组长签名确认。

表8－1－2 　　　　　　　　　　　　工具、设备器材清单

序号	分类	名称	型号规格	数量	组长签名
1	工具				
2					
3	设备器材				
4					
5					
6					

3. 根据任务要求进行工位自检，并将结果记录在表8－1－3中。

表8－1－3 　　　　　　　　　　　　工位自检表

姓名		学号	
自检项目			记录
检查工位桌椅是否正常			是□　否□
检查工位计算机能否正常开机			能□　否□
检查工位键盘、鼠标是否完好			是□　否□
检查计算机软件 Keil、Proteus 能否正常使用			能□　否□
检查计算机互联网是否可用			是□　否□
检查是否有开发板等实物			是□　否□

■ 任务实施 ▶

1. 设计篮球赛计分器电路

根据任务描述，小组成员讨论如何设计篮球赛计分器电路，在下面方框中绘制篮球赛计

分器电路。

提示：篮球赛计分器电路采用单片机外接按键计分调整，通过控制数码管显示比赛双方比分的设计方案。选用 2 个 4 位数码管显示器，每队 3 个数码管显示器显示分数，分数范围可达 0~999 分。8 位数码管位码控制可以用 74LS138 三八译码器来实现。为了配合计分器调整比分，可设立 5 个按键，其中 4 个用于输入甲、乙两队的加 1 和减 1 计分；另一个作为清零功能。

2. 用 Proteus 绘制篮球赛计分器电路图

根据表 8 - 1 - 4 的提示完成篮球赛计分器电路绘制，每完成一步在相应的步骤后面打"√"。

表 8 - 1 - 4　　　　　　　　　　　　　　　　操作流程表

步骤	操作说明	是否完成
1	在 Proteus 软件中新建文件	□
2	按项目二任务 1 绘制电路图的步骤操作说明完成篮球赛计分器电路的绘制并保存	□

3. 程序编写

（1）小组成员讨论如何编写篮球赛计分器程序流程图，并根据提示在下面方框中绘制主程序流程图。

提示：根据篮球赛计分器电路，程序运行开始时比分显示清零"000 000"，主程序运行调用数码管显示比分程序，按键扫描，循环运行。当有按键按下时，编程判断是哪个按键，跳转到相应按键子程序入口，按功能执行加 1 分、减 1 分或者复位清零程序，并实时显示。

（2）根据主程序流程图，编写篮球赛计分器程序。

4. 编译程序

根据表 8 – 1 – 5 的提示完成程序的编译，每完成一步在相应的步骤后面打"√"。

表 8 – 1 – 5　　　　　　　　　　　　操作流程表

步骤	操作说明	是否完成
1	启动 Keil 软件，新建 1 个工程文件和 asm 文本文件	☐
2	输入源程序代码，保存输入源代码文件，将该文本文件加入到新建的工程文件	☐

5. 仿真调试

根据表 8 – 1 – 6 的提示完成仿真调试，每完成一步在相应的步骤后面打"√"。

表 8 – 1 – 6　　　　　　　　　　　　操作流程表

步骤	操作说明	是否完成
1	打开已绘制保存的 Proteus 文档，双击电路图中的单片机，加载在 Keil 软件中已编译成功输出的 hex 文件	☐
2	仿真运行，观察篮球赛计分器运行是否正常	☐
3	若篮球赛计分器运行不正常，检查电路是否有误，修改后重新仿真运行。若电路无误，篮球赛计分器运行还是不正常，则返回检查程序源代码是否正确，重新按步骤 1 仿真调试，直到篮球赛计分器运行正常	☐

6. 篮球赛计分器电路安装

根据任务描述，小组成员根据表 8 – 1 – 7 的提示完成篮球赛计分器电路的安装，每完成一步在相应的步骤后面打"√"。

表 8 – 1 – 7　　　　　　　　　　　　操作流程表

步骤	操作说明	图示	是否完成
1	领取篮球赛计分器套件，对元器件进行测量，判断元器件是否合格。将测量结果填写在表 8 – 1 – 8 中	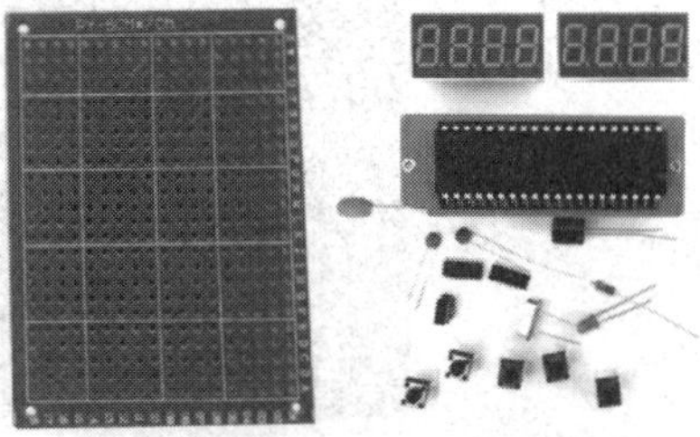	☐
2	根据电路原理图合理排布元器件，并按安装工艺组装电路，组装完后进行电路连接的检查		☐

表 8 – 1 – 8   元器件测试表

序号	元器件名称	规格及参数	数量	测量结果	备注

7. 功能测试

将已下载 hex 文件数据的 STC89C51 单片机插装到 IC 座上，接上电源，测试是否能正常实现篮球赛计分器功能，篮球赛计分器电路测试图如图 8 – 1 – 1 所示。测试时，可用按键设置双方分数。记录测试结果。

图 8 – 1 – 1   篮球赛计分器电路测试图

展示与评价

一、成果展示

各小组派出代表介绍本组的作品，听取并记录其他小组对本组作品的评价和改进建议。

二、任务评价

按表 8 – 1 – 9 所列项目进行自我评价、小组评价和教师评价，将结果填入表中。

表 8 - 1 - 9　　　　　　　　　　　　任务考核评分表

评价项目	评价标准	配分（分）	自我评价	小组评价	教师评价
职业素养	安全意识、责任意识、服从意识强	5			
	积极参加教学活动，按时完成各项学习任务	5			
	团队合作意识强，善于与人交流和沟通	5			
	自觉遵守劳动纪律，尊敬师长，团结同学	5			
	爱护公物，节约材料，工作环境整洁	5			
专业能力	指令格式应用错误，每错一处扣 2 分	10			
	不会用电子仪表检测元器件质量好坏，每个扣 1 分	5			
	元器件位置、引脚焊接错误，每个扣 1 分	10			
	焊接粗糙、拉尖、焊锡残渣，每处扣 1 分	5			
	元器件虚焊、漏焊、松动、有气孔，每处扣 1 分	5			
	测试项目应符合任务要求，漏测 1 项扣 5 分	20			
	技术指标测试应符合任务要求，1 项技术指标未达标扣 5 分	20			
合计		100			
总评分		综合等级		教师（签名）	

注：学习任务考核采用自我评价、小组评价和教师评价三种方式，总评分 = 自我评价×20% + 小组评价×20% + 教师评价×60%，评价等级分为 A（90~100）、B（80~89）、C（70~79）、D（60~69）、E（0~59）五个等级。

复习巩固

撰写篮球赛计分器制作总结报告。

任务 2　烟雾报警器设计与制作

明确任务

本任务是设计并制作一款烟雾报警器。要求选用合适的烟雾报警器套件，用单片机开发软件绘制烟雾报警器的电路图，提交编写源代码。完成仿真后，在万能板上安装报警器电路并进行调试。在规定时间内完成任务并将制作完成的样品提交审核。

资讯学习

为了更好地完成任务，请查阅教材或相关资料，小组成员讨论后回答以下问题。

1. 识读 ADC0832 芯片，补充图 8 - 2 - 1 所示 ADC0832 各引脚功能。

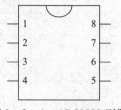

图 8 - 2 - 1　ADC0832 引脚

2. ADC0832 数据读取流程图如图 8 - 2 - 2 所示，请在下划线空格处填写执行指令。

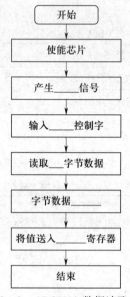

图 8 - 2 - 2　ADC0832 数据读取流程图

📖 **任务准备**

1. 分组并制订工作计划

查阅相关资料，了解任务实施的基本步骤，结合实际情况，制定小组工作计划，见表 8 - 2 - 1。

表 8 - 2 - 1　　　　　　　　　　　　　　工作计划表

任务名称	组员姓名	任务分工	备注
小组成员分工			组长

任务名称	组员姓名	任务分工	备注
完成任务的方法与步骤			

2. 工具、设备器材清单

根据任务要求，以小组为单位领取工具、设备器材等，组员将领到的物品归纳分类并填写在表8-2-2后，组长签名确认。

表8-2-2　　　　　　　　　　　　工具、设备器材清单

序号	分类	名称	型号规格	数量	组长签名
1	工具				
2					
3	设备器材				
4					
5					
6					

3. 根据任务要求进行工位自检，并将结果记录在表8-2-3中。

表8-2-3　　　　　　　　　　　　工位自检表

姓名		学号	
自检项目			记录
检查工位桌椅是否正常			是□　否□
检查工位计算机能否正常开机			能□　否□
检查工位键盘、鼠标是否完好			是□　否□
检查计算机软件 Keil、Proteus 能否正常使用			能□　否□
检查计算机互联网是否可用			是□　否□
检查是否有开发板等实物			是□　否□

📟 任务实施

1. 设计烟雾报警器电路

根据任务描述，小组成员讨论如何设计烟雾报警器电路，在下面方框中绘制电路图。

提示：烟雾报警器电路需要电源、烟雾传感器模块、单片机、LED 灯显示、声光报警和风扇。

2. 用 Proteus 绘制烟雾报警器控制电路图

根据表8-2-4的提示完成烟雾报警器控制电路绘制，每完成一步在相应的步骤后面打"√"。

表8-2-4   操作流程表

步骤	操作说明	是否完成
1	在 Proteus 软件中新建文件	□
2	按项目二任务1绘制电路图的步骤操作说明完成烟雾报警器控制电路的绘制并保存（仿真电路中，烟雾传感器可用可变电阻器代替）	□

3. 程序编写

（1）小组成员讨论如何编写烟雾报警器主程序流程图，并根据提示在下面方框中绘制主程序流程图。

提示：根据烟雾报警器电路，烟雾报警器设计主要是 ADC0832 模数转换，首先对 ADC0832 进行初始化，读取烟雾值，然后进行烟雾值转换，待转换完成后，再将转换后的烟雾值与报警值进行比较，根据比较情况判断是否驱动声光报警及风扇转动。

（2）根据主程序流程图编写烟雾报警器程序。

（此处为空白答题框）

4. 编译程序

根据表 8 – 2 – 5 的提示完成程序的编译，每完成一步在相应的步骤后面打"√"。

表 8 – 2 – 5 操作流程表

步骤	操作说明	是否完成
1	启动 Keil 软件，新建 1 个工程文件和 asm 文本文件	□
2	输入源程序代码，保存输入源代码文件，将该文本文件加入到新建的工程文件	□

5. 仿真调试

根据表 8 – 2 – 6 的提示完成仿真调试，每完成一步在相应的步骤后面打"√"。

表 8 – 2 – 6 操作流程表

步骤	操作说明	是否完成
1	打开已绘制保存的 Proteus 文档，双击电路图中的单片机，加载在 Keil 软件中已编译成功输出的 hex 文件	□
2	仿真运行，调节可变电阻器（模拟烟雾传感器输入可变电压），当输入电压 ≥ _____时，触发报警和启动风扇；当输入电压 < _____时，停止报警和关闭风扇	□
3	若烟雾报警器控制不正常，请检查电路是否绘制有误，重新仿真运行。若电路无误，如仍不正常，请返回检查程序源代码是否正确，重新按步骤 1 仿真调试，直到烟雾报警器控制正常	□

6. 烟雾报警器电路安装

根据任务描述，小组成员根据表8－2－7的提示完成烟雾报警器电路的安装，每完成一步在相应的步骤后面打"√"。

表8－2－7　　　　　　　　　　　　　　操作流程表

步骤	操作说明	图示	是否完成
1	领取烟雾报警器套件，对元器件进行测量，判断元器件是否合格。将测量结果填写在表8－2－8中	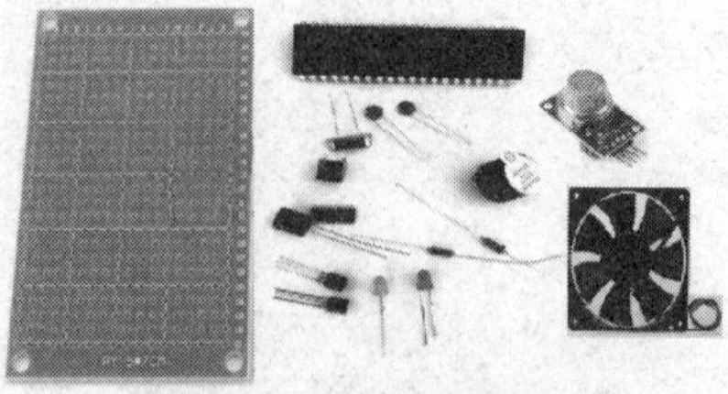	□
2	根据烟雾报警器电路图合理排布元器件，并按安装工艺组装电路，组装完后进行电路连接的检查		□

表8－2－8　　　　　　　　　　　　　　元器件测试表

序号	元器件名称	规格及参数	数量	测量结果	备注

7. 功能测试

将已下载 hex 文件数据的 STC89C51 单片机插装到 IC 座上，接上电源，测试是否能正常实现烟雾报警＋风扇功能，烟雾报警器电路测试图如图8－2－3所示。测试时，可用香烟或废纸燃烧的烟雾模拟代替甲烷测试（在空旷安全地方进行），记录测试结果。

图 8 - 2 - 3　烟雾报警器电路测试图

展示与评价

一、成果展示

以小组为单位派出代表介绍自己小组的作品，听取并记录其他小组对本组作品的评价和改进建议。

二、任务评价

按表 8 - 2 - 9 所列项目进行自我评价、小组评价和教师评价，将结果填入表中。

表 8 - 2 - 9　　　　　　　任务考核评分表

评价项目	评价标准	配分（分）	自我评价	小组评价	教师评价
职业素养	安全意识、责任意识、服从意识强	5			
	积极参加教学活动，按时完成各项学习任务	5			
	团队合作意识强，善于与人交流和沟通	5			
	自觉遵守劳动纪律，尊敬师长，团结同学	5			
	爱护公物，节约材料，工作环境整洁	5			
专业能力	指令格式应用错误，每错一处扣 2 分	10			
	不会用电子仪表检测元器件质量好坏，每个扣 1 分	5			
	元器件位置、引脚焊接错误，每个扣 1 分	10			
	焊接粗糙、拉尖、焊锡残渣，每处扣 1 分	5			
	元器件虚焊、漏焊、松动、有气孔，每处扣 1 分	5			
	测试项目应符合任务要求，每漏测 1 项扣 5 分	20			
	技术指标测试应符合任务要求，1 项技术指标未达标扣 5 分	20			
合计		100			

总评分		综合等级		教师（签名）	

注：学习任务考核采用自我评价、小组评价和教师评价三种方式，总评分 = 自我评价 ×20% + 小组评价 ×20% + 教师评价 ×60%，评价等级分为 A（90～100）、B（80～89）、C（70～79）、D（60～69）、E（0～59）五个等级。

复习巩固

撰写烟雾报警器制作总结报告。

任务3　智能蓝牙灯设计与制作

明确任务

　　本任务要求设计一个单片机控制的智能蓝牙灯，要求用手机端的蓝牙通信助手控制电路板上 LED 灯的亮灭，同时电路板也可以通过控制按钮方式向手机蓝牙助手发送数据，实现手机蓝牙与开发板之间的双向数据传输，要求绘制智能蓝牙灯控系统的电路图，提交编写的源代码，在万能板上安装智能蓝牙灯控电路并进行调试。在规定时间内完成任务并制作完成的样品提交审核。

资讯学习

　　为了更好地完成任务，请查阅教材或相关资料，小组成员讨论后回答以下问题。

　　1. 蓝牙是一种支持设备＿＿＿＿＿通信（一般 10 m 内）的无线电技术，能在包括移动电话、PDA、无线耳机、笔记本电脑、相关外设等众多设备之间进行无线信息交换。

　　2. 蓝牙技术是一种利用＿＿＿＿＿＿＿＿在各种 3C 设备间彼此传输数据的技术。

任务准备

　　1. 分组并制订工作计划

　　查阅相关资料，了解任务实施的基本步骤，结合实际情况，制定小组工作计划，见表 8 - 3 - 1。

表 8 - 3 - 1　　　　　　　　　　工作计划表

任务名称	组员姓名	任务分工	备注
小组成员分工			组长
完成任务的方法与步骤			

2. 工具、设备器材清单

根据任务要求，以小组为单位领取工具、设备器材等，组员将领到的物品归纳分类并填写在表 8 – 3 –2 后，组长签名确认。

表 8 – 3 – 2   工具、设备器材清单

序号	分类	名称	型号规格	数量	组长签名
1	工具				
2					
3	设备器材				
4					
5					
6					

3. 根据任务要求进行工位自检，并将结果记录在表 8 – 3 –3 中。

表 8 – 3 – 3   工位自检表

姓名		学号	
自检项目			记录
检查工位桌椅是否正常			是□ 否□
检查工位计算机能否正常开机			能□ 否□
检查工位键盘、鼠标是否完好			是□ 否□
检查计算机软件 Keil、Proteus 能否正常使用			能□ 否□
检查计算机互联网是否可用			是□ 否□
检查是否有开发板模块等实物			是□ 否□

任务实施

1. 查阅资料，认识单片机与蓝牙串口模块连接

单片机的 RXD 线与蓝牙模块的 TXD 线相连。蓝牙模块可以与手机、电脑等通过无线串口透传方式进行通信，如图 8 – 3 –1 所示。

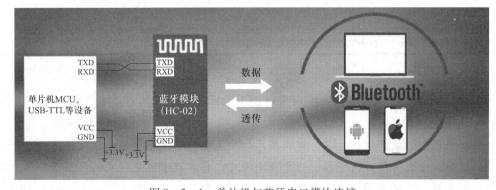

图 8 – 3 – 1　单片机与蓝牙串口模块连接

2. 设计智能蓝牙灯控电路

根据任务描述，小组成员讨论如何设计智能蓝牙灯控电路，在下面方框中绘制电路图。

3. 用 Proteus 绘制智能蓝牙灯控电路

根据表 8 - 3 - 4 的提示完成智能蓝牙灯控电路绘制，每完成一步在相应的步骤后面打"√"。

表 8 - 3 - 4 操作流程表

步骤	操作说明	是否完成
1	在 Proteus 软件中新建文件，选择并放置 MCS - 51 系列单片机、蓝牙模块（型号_____）	□
2	按项目二任务 1 绘制电路图的步骤操作说明完成智能蓝牙灯控电路的绘制并保存	□

4. 程序编写

（1）小组成员讨论如何编写智能蓝牙灯控主程序流程图，并根据提示在下面方框中绘制主程序流程图。

提示：根据智能蓝牙灯控电路，智能蓝牙灯控主要是通过手机与蓝牙模块进行通信，蓝牙模块通过串口方式与单片机连接，蓝牙模块既可以将接收手机发送来的数据传给单片机对 LED 灯进行控制，又可以将接收单片机发来的按键数据传送给手机。

（2）根据主程序流程图，编写智能蓝牙灯控程序。

5. 编译程序

根据表 8 – 3 – 5 的提示完成程序的编译，每完成一步在相应的步骤后面打"√"。

表 8 – 3 – 5　　　　　　　　　　　　　　操作流程表

步骤	操作说明	是否完成
1	启动 Keil 软件，新建 1 个工程文件和 asm 文本文件中	□
2	输入源程序代码，保存输入源代码文件，将该文本文件加入到新建的工程文件	□

6. 智能蓝牙灯控电路安装

根据任务描述，小组成员根据表 8 – 3 – 6 的提示完成智能蓝牙灯控电路的安装，每完成一步在相应的步骤后面打"√"。

表 8 – 3 – 6　　　　　　　　　　　　　　操作流程表

步骤	操作说明	图示	是否完成
1	领取智能蓝牙灯控系统套件，对元器件进行测量，判断元器件是否合格。将测量结果填写在表 8 – 3 – 7 中	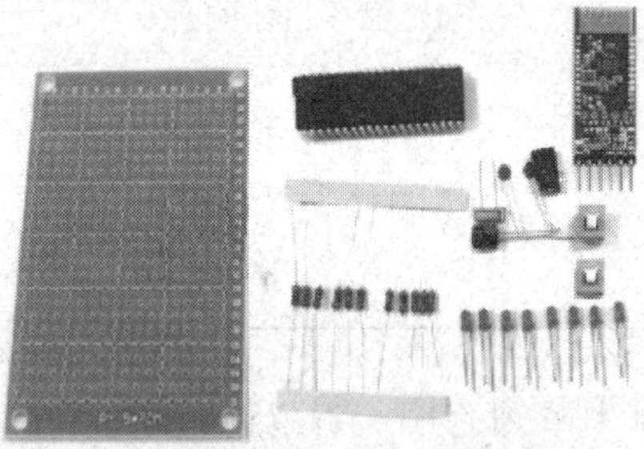	□
2	根据智能蓝牙灯控电路图合理排布元器件，并按安装工艺组装电路，组装完后进行电路连接的检查		□

表 8 – 3 – 7　　　　　　　　　　　　　　元器件测试表

序号	元器件名称	规格及参数	数量	测量结果	备注

7. 功能测试

用手机控制电路板上的 LED 灯亮灭，用按钮通过蓝牙模块向手机发送数据，智能蓝牙灯控电路如图 8 − 3 − 2 所示。

图 8 − 3 − 2　智能蓝牙灯控电路测试图

展示与评价

一、成果展示

各小组派出代表介绍本组的作品，听取并记录其他小组对本组作品的评价和改进建议。

二、任务评价

按表 8 − 3 − 8 所列项目进行自我评价、小组评价和教师评价，将结果填入表中。

表 8 − 3 − 8　　　　　　　　　　任务考核评分表

评价项目	评价标准	配分（分）	自我评价	小组评价	教师评价
职业素养	安全意识、责任意识、服从意识强	5			
	积极参加教学活动，按时完成各项学习任务	5			
	团队合作意识强，善于与人交流和沟通	5			
	自觉遵守劳动纪律，尊敬师长，团结同学	5			
	爱护公物，节约材料，工作环境整洁	5			
专业能力	指令格式应用错误，每错一处扣 2 分	10			
	不会用电子仪表检测元器件质量好坏，每个扣 1 分	5			
	元器件位置、引脚焊接错误，每个扣 1 分	10			
	焊接粗糙、拉尖、焊锡残渣，每处扣 1 分	5			
	元器件虚焊、漏焊、松动、有气孔，每处扣 1 分	5			

续表

评价项目	评价标准	配分（分）	自我评价	小组评价	教师评价
专业能力	测试项目应符合任务要求，每漏测1项扣5分	20			
	技术指标测试应符合任务要求，1项技术指标未达标扣5分	20			
	合计	100			
总评分		综合等级		教师（签名）	

注：学习任务考核采用自我评价、小组评价和教师评价三种方式，总评分＝自我评价×20%＋小组评价×20%＋教师评价×60%，评价等级分为A（90~100）、B（80~89）、C（70~79）、D（60~69）、E（0~59）五个等级。

复习巩固

撰写智能蓝牙灯控制作总结报告。